建 筑 节 能 38

Energy Efficiency in Buildings

涂逢祥 主编

中国建筑工业出版社

图书在版编目（CIP）数据

建筑节能．38/涂逢祥主编．—北京：中国
建筑工业出版社，2002
ISBN 7-112-05221-1

Ⅰ．建...　　Ⅱ．涂...　　Ⅲ．建筑—节能
Ⅳ．TU111.19

中国版本图书馆 CIP 数据核字（2002）第 053559 号

建筑节能　38

Energy Efficiency in Buildings

涂逢祥　主编

*

中国建筑工业出版社出版、发行（北京西郊百万庄）
新　华　书　店　经　销
北京市兴顺印刷厂印刷

*

开本：850×1168 毫米　1/32　印张：5¾　字数：153 千字
2002 年 9 月第一版　　2002 年 9 月第一次印刷
印数：1—3,000 册　　定价：**11.00** 元
ISBN 7-112-05221-1
TU・4883　（10835）

本社网址：http：//www．china-abp．com．cn
网上书店：http：//www．china-building．com．cn

主编单位

中国建筑业协会建筑节能专业委员会

北京绿之都建筑节能环保技术研究所

主　编

涂逢祥

副主编

郎四维　　白胜芳

参编单位

北京中建建筑科学技术研究院

北京建兴新建材开发中心

北京振利高新技术公司

北京亿丰豪斯沃尔新型建材公司

编辑部通讯地址：100076 北京市南苑新华路一号

电　　　话：67992220-291，322

传　　　真：67962505

电 子 信 箱：fxtu@public.bta.net.cn

目　录

Contents

· **Progress on Energy Efficiency in Buildings**

关于充分发挥政府公共管理职能 推进建筑节能工作的思考

武 涌

【摘要】 本文介绍了我国建筑能耗的基本状况,论述了推进建筑节能的紧迫性和必要性,分析了建筑节能的现状及主要问题,最后提出了建筑节能工作目标及对政府发挥公共管理职能的作用,全面启动建筑节能工作的建议。

关键词:政府 管理职能 建筑节能

一、我国建筑能耗的基本情况

1. 建筑能耗的构成和建筑节能

根据国际惯例,建筑能耗一般是指建筑使用过程中能耗,主要包括建筑采暖、空调、热水供应、炊事、照明、家用电器、电梯等方面的能耗。由于通过建筑围护结构散失的能量和供暖制冷系统的能耗在整个建筑能耗中占大部分(各部分能耗大体比例见表1),因此世界各国的建筑节能工作主要围绕提高建筑物围护结构的保温隔热性能和提高供热制冷系统效率两个方面展开。近年来又在新能源的利用,如太阳能、地热的利用等方面开展了一些工作。建筑节能就是要在保证和提高建筑舒适性的条件下,合理使用能源,不断提高能源利用效率。

2. 我国的总能耗及建筑能耗所占比重

能源的使用状况和利用效率反映了一个国家生活质量的高低和经济效率的大小，从长远来看，也是国家可持续发展能力的具体体现。

建筑能耗各部分所占的比例　　　表1

建筑能耗的构成	采暖空调	热水供应	电气	炊事	备注
各部分所占的比例（%）	65	15	14	6	

人均能源资源占有量过低与单位国民生产总值能源消耗量过高是长期以来我国国民经济和社会发展中的突出问题，其中工业能耗高的问题早已引起各级领导的重视。采取了立法、经济、行政等多种手段予以干预，取得了阶段性的成果。但是建筑能耗高的问题却长期被忽视。随着我国每年以约 10 亿 m² 的住宅、商业等民用建筑投入使用，建筑能耗占总能耗的比例已从 1978 年的约 10% 上升到目前的 26.5%，而且根据发达国家的经验，随着人民生活质量的改善，这个比例还将上升，以至达到 35%～40%。所以建筑将超越工业、交通、农业等其他行业成为能耗的首位，建筑节能将成为提高全社会能源使用效率的首要方面。问题在于我国建筑能耗比发达国家高 2～3 倍，如何解决这个关系经济发展大局的问题却没有引起足够的重视。

建筑用能在我国能源消耗中占有重要地位。据统计，我国 1999 年建筑用商品能源消耗共计 3.76 亿吨标准煤，当年全国能源消费总量为 13.6 亿吨标准煤，亦即建筑用能占全社会终端能源消费量的比重已经达到 27.6%（在同纬度的发达国家，建筑物用能一般占全社会能源消费量的 35% 以上）。目前，中国已成为仅次于美国的世界第二大能源消费国，但我国能源资源拥有量占世界平均水平的比例分别是：石油 11.3%，天然气 3.8%，煤 51.3%，而单位建筑面积能耗却是发达国家的 2～3 倍左右（见表2）。因此我国的现状是：一方面人均拥有的能源资源极少，另一方面能源浪费又十分严重。

3. 发达国家的建筑能耗

欧美发达国家能耗量一般按工业、农业、交通运输、商业及住宅领域分别统计。我们所说的建筑用能归于住宅和商业范围。

北京市建筑能耗与部分国家的比较　　表2

北京市在执行新节能标准前 一个采暖期的平均能耗（W/m²）	30.1
北京市在执行新节能标准后 一个采暖期的平均能耗（W/m²）	20.6
瑞典、丹麦、芬兰等国家 一个采暖期的平均能耗（W/m²）	11

各发达国家在20世纪70年代能源危机之前，并不重视节能工作，经济和社会发展建立在高能耗的基础之上。住宅能耗所占的比例也随着人民生活水平的提高逐步增长。发达国家真正重视节能始发于70年代的石油危机。由于石油危机而导致的能源危机，迫使各国高度重视能源问题，并采取各种措施节约能源及提高能源利用效率。建筑节能作为节能工作的一个主要方面，自然受到各国的重视。很多国家采取了"两手抓"的策略，一方面采取措施控制新建建筑能耗水平，另一方面加大对既有建筑的改造。通过以上两方面的措施，大多数国家虽然建筑面积总量每年在增加，房屋舒适程度也逐步提高，但建筑总能耗却呈下降的趋势。如丹麦，其住宅采暖面积1992年比1972年增加39%，但采暖总能耗却从1972年的322PJ（10^{12}J）下降到了222PJ，即减少了31.1%。德国抓建筑节能使单位面积能耗逐步减少的情况见表3。

德国住宅发展各阶段能耗水平　　表3

德国住宅发展的各个阶段	住宅能耗水平 （kWh/（m²·a））	备注
70年代以前的老住宅（未经改造）	300～400	
80年代的节能住宅	150～200	
90年代的低能耗住宅	50～80	
超级低能耗住宅	20～40	
今后的趋势是零能耗住宅	0	

随着全球环境保护意识的增强和可持续发展观念的日益深入人心，各国政府均十分重视清洁能源、可再生能源等新能源的研究和开发使用，逐渐扩大新能源的占有比例，降低化石原料的应用。在建筑节能领域，新技术新观念更是层出不穷。为探索未来节能建筑的新模式，很多国家已经开始研究试验非常超前的零能耗住宅。它是一种采用太阳能、风能、地热等新技术和自然能源为住宅提供能源的新模式，即房屋中所有的电力供应、供暖、制冷等均由太阳能等新能源提供，而不再使用传统的煤、石油等化石原料提供能源。目前荷兰、德国、美国等国家均已建成不同规模的试验工程，为未来节能建筑的发展指明了方向。

二、建筑节能的紧迫性必要性

1. 世界银行报告：关于为什么要现在采取行动？

世界银行在对中国建筑节能进行长达三年的考察后，提出了世行报告《中国促进建筑节能的契机》，其中谈到中国建筑节能为什么要现在采取行动时指出：

节能要取得真正的结果是长期的任务，但是现在采取具体措施与今后再采取措施相比会有天壤之别。在以后1～2年内我们迫切需要采取严厉的措施来解决一些阻碍节能的问题，因为：

· 世行认为，从 2000 年至 2015 年是中国民用建筑发展鼎盛期的中后期，并预测到 2015 年民用建筑保有量的一半是 2000 年以后新建的。

· 中国没有注重建筑节能，从而每年新增 7～8 亿 m^2 的不节能的住宅和商业建筑，这些建筑在未来几十年里将无节制地消耗大量能源。中国在过去十年里已丧失了提高新建筑能效的良机。现在行动可避免最后 10 年（建筑业鼎盛中、后期）内损失更大。

· 中国目前和以后将继续推行的住房改革将激励用户支持购买节能住宅。由于是个人而不是单位购买和拥有住房，用户更关心采暖和制冷的舒适性，关心如何使公用设施费用趋于最小。如果相关政策到位，用户的需求会成为强有力的市场杠杆。

· 提高建筑采暖能效是减轻中国北方地区城市采暖系统面临

4

的经济危机的一个关键和必要的措施。改造家庭采暖系统和改变缴费制度有两个好处：一是有利于改变热力公司技术和经济困境；二是用户能节能。

世行的看法是十分合理的。目前我国已在实施国民经济发展的第二步战略目标，城镇化的战略已经启动，以解决弱势群体民住问题工程已在实施。可以预见，对住宅和商业建筑的巨大需求还将持续相当长的时期。但是建筑是百年大计，建成之后再因为能耗高等问题进行改造将会给社会带来极大的问题，给经济造成巨大的损失。所以，现在行动是实现资源最佳配置的必然选择。

2. 建筑节能直接关系到国家资源战略、可持续发展战略的实施，关系到扩大内需，拉动国民经济增长的大局

·建筑节能直接关系资源战略的实施。

在九届人大五次会议通过的《国民经济和社会发展第十个五年计划纲要》中，明确国家将实行确保粮食、水、能源安全的资源战略，能源已成为影响国家未来发展和安全的重要因素。由于建筑能耗在我国社会终端能耗中所占的比例已经超过四分之一，而且根据其他国家的经验，这个比例将不可避免地上升到35%左右，因此建筑节能已成为影响能源安全、优化能源结构、提高能源利用效率的关键因素。中国是世界上人均能源资源占有量最低的国家之一，但拥有的人口数量却是世界第一。如何从建筑的设计、建设以及建成后的使用过程等各个环节，实行从紧的、能源消耗的产出化最大化的全过程控制，如何利用立法、行政、经济等手段促进建筑能耗降低等等，是政府承担公共管理职能必然回答的问题，也是贯彻国家资源战略的重要组成部分。

·建筑节能与可持续发展和环境保护。

实施可持续发展战略，是关系中华民族生存和发展的长远大计。我国建筑物的设计寿命不低于50年，在如此漫长的服务时间里，将消耗大量能源。如何在不断提高室内舒适性的同时，提高能源利用效率，使建筑用能的总水平不断降低，走可持续发展之路，是实现我国国民经济和社会可持续发展的重要内容，同时也

是保护资源、减少环境污染的重要举措。

在"十五"期间（2001～2005 年），如果所有新建住宅均能达到新的节能标准，则可减少向大气排放污染物数量：总悬浮颗粒物 10.0 万 t，$SO_2$71.9 万 t，NOx36.0 万 t，$CO_2$6992 万 t。

·建筑节能与扩大内需。

建筑节能可以从以下三个方面拉动内需（在只考虑城市民用建筑的情况下）：

一是既有建筑的节能改造。到 2000 年末，全国既有房屋建筑面积达 277 亿 m^2，其中城市为 76.6 亿 m^2，这些建筑的 98% 是不节能的。若节能改造按每平方米 100 元计算，在 10 年内完成，则一年的有效需求为 766 亿元（根据测算，节能改造的投资回收期为 10 年左右）。

二是新建建筑按节能标准进行设计和建设，建筑节能增量成本占居住建筑投资的 10% 左右，城市新建房屋每年新开工约 6 亿 m^2，每年新增有效需求约 600 亿元。

三是发展建筑节能生产，不仅可以直接带动节能墙体材料、门窗、变流量供暖系统、节能制冷设备、节能照明设施等新兴产业的发展，而且将会直接推动建材、化学建材、建筑业的结构调整与升级。其中，仅节能墙体需 5 亿 m^2/年，有效需求 300～500 亿元；节能型门窗 1.8 亿 m^2/年，有效需求 450 亿元。

因此，如果全面启动建筑节能，每年新增的有效需求达 2500 亿元，拉动国民经济增长 0.5%。还可以带动整个建筑业、建材业的结构调整和技术升级，增加就业机会，形成国民经济新的增长点。

3. 开展建筑节能，可以大幅度提高和改善人民生活水平

党的十五届六中全会指出，不断提高和改善人民生活水平是我们一切工作的根本出发点和目的，体现了"三个代表"的精神，代表广大人民群众的根本利益。多年来，由于历史、社会和经济等多方面的原因，我国大部分地区的人民居住水平较低。改革开放以来，国家十分重视住宅建设，在一定程度上解决了人们的居

住有无问题，但居住的舒适性、室内环境仍未得到根本改善，特别是长江流域和南方炎热地区，夏季炎热、冬季湿冷的情况仍十分普遍，与这一地区的社会发展和我国现代化要求根本不相符。开展建筑节能工作，可使人民居住条件的改善上一个新的台阶，真正达到小康水平。

三、建筑节能的现状及主要问题和原因分析

1986 年发布试行国家第一部《民用建筑节能设计标准（采暖居住建筑部分）》，标志着我国建筑节能工作正式开始启动。针对我国幅员辽阔，国土总面积 960 万平方公里，纵跨热带、亚热带、温带、寒带四个气候区的国情，为推行建筑节能在建筑设计标准上，我们把全国划分成北方寒冷地区（包括严寒地区和寒冷地区）、夏热冬冷地区和夏热冬暖地区等三类地区，制定不同的建筑节能设计标准。其中北方寒冷地区建筑节能设计标准于 1986 年按节能 30％予以试行，并于 1995 年按节能 50％的目标进行了修订；夏热冬冷地区建筑节能设计标准已从 2002 年起实行；夏热冬暖地区建筑节能标准正在编制过程中，将于 2003 年颁布执行。为保证新建建筑按节能设计标准进行设计和建造，建设部不仅把节能设计标准中的关键条款纳入工程建设强制性条文予以实施，而且还于 1999 年出台了《民用建筑节能管理规定》（第 76 号部长令），要求业主、设计、施工、监理单位等必须按节能设计标准执行，并规定了违规行为的相应罚则。

1. 建筑节能存在的主要问题

（1）从规模上看，节能建筑仍然处在试点的层面，难以全面推开，从总体上看，建筑节能尚处在起步阶段。

从 1986 年我国试行第一部建筑节能设计标准至今，已经 16 年了，而且 1999 年已把北方地区建筑节能设计标准纳入强制性标准进行贯彻。原以为只要公布了节能设计标准，并纳入强制性条文就一定会全面推开。但是，事实却是推而不开。以北方地区为例，建设部 2000 年组织了对北方地区 2 个直辖市和部分省、自治区贯彻建筑节能设计标准的检查，发现达到建筑节能设计标准的

节能建筑只占同期建筑总量的 6.4%。截止 2000 年底，全国既有房屋建筑面积，城市已至 76.6 亿 m²（其中住宅 44.1 亿 m²），农村则达 200.4 亿 m²（其中住宅建筑约占 80%）。其中能够达到采暖建筑节能设计标准的只有 1.8 亿 m²，仅占全部城乡建筑面积的 0.6%，占城市房屋建筑面积的 2.3%。270 多亿 m² 的既有建筑，存在着保温隔热性和气密性差、供热系统热效率低下等问题。如果不进行节能改造，在未来几十年里，这些既有建筑将无节制地消耗大量能源。

（2）节能建筑市场的技术、材料、产品严重供应不足，质量难以保证。

建筑节能产业是随着我国建筑节能工作的开展，正在发育的一个新兴的产业。随着建筑节能标准的实施，对相关的技术、节能墙体材料、节能门窗、玻璃、变流量的热力控制装置、新型的节能供热制冷方式、热计量及温度控制装置等需求急剧上升。在这种有效需求的拉动下，各种新技术、新产品层出不穷，部分满足了日益增长的需求。如新型墙体材料产量不断增加，年生产能力达 1000 亿块标准砖；塑料门窗市场逐步扩展，年生产能力达 149 万 t。

但是应当清醒地看到存在的问题：

一是达到节能性能的墙体、保温材料供应严重不足。如保温材料，北方和过渡地区城市新建住宅都按节能标准建造，则年需求为 5 亿 m²，现生产能力为 2 亿 m²，且品种单一，只有聚苯乙烯、岩棉等几个品种。

二是创新能力差，新技术、新产品的研究开发相对滞后。目前所使用的技术大多数从国外引进，具有自主知识产权、能够形成主流产品与技术的骨干企业不多，难以满足日益扩大的节能建筑市场的需求。

三是在塑料门窗行业，很多企业盲目上马，重复建设和小型分散现象严重，导致竞相"杀价"的恶性竞争，产品和技术更是良莠不齐，虚假宣传、假冒伪劣产品充斥。

这些问题不仅妨碍建筑节能产业和市场的健康发展，并且对工程质量产生严重影响，使节能建筑达不到预定的节能、环保和热舒适性目标。

（3）能力建设严重滞后。

建筑节能工作的开展离不开决策者、政策制定者、组织管理者、设计及施工人员，尤其是广大人民群众的共同参与，离不开节能标准体系的指导。但是，目前我国建筑节能方面的能力建设严重滞后，表现在：

①标准化体系尚未形成。南方炎热地区公共建筑、工业建筑节能标准尚未出台；大量新技术、新产品也缺乏相应的标准进行规范。

②社会缺乏建筑节能的意识，业主、设计、施工、监理等专业队伍缺乏建筑节能的知识与技能。就社会这个层面看，不仅缺少建筑节能重要性、相关知识的普及与教育，而且更重要的是，上至决策者，下至广大人民群众均缺少建筑节能的基本知识和意识；在政府监管层面和大多数设计、施工、监理、物业管理人员建筑节能知识缺乏，培训工作跟不上，因而难以保证节能建筑在建设过程各个环节的质量。

2. 存在问题的主要原因

（1）建筑节能的需求是一种以外部效应为主的需求。

需求不足是我国当前经济运行中的突出问题。建筑节能作为一个每年能产生2500亿元有效需求的领域，为什么其有效需求难以释放呢？障碍在什么地方？

（2）在国家这个层面，缺乏相应的政策法规对建筑节能进行推动、引导、规范。

建筑节能是一项利国利民的工作，也是政府承担公共事务管理职能的一个重要方面。从世界各国的经验看，建筑节能是社会公益性较强的领域，仅仅依靠市场机制是不能奏效的，只有通过政策充分运用法律、行政及财政税收手段，才能引导、规范和促进该项工作的开展。但在宏观这个层次，尚没有把建筑节能提到国家实施资源战略和可持续发展战略的高度来认识与定位；国家已在实施积极的财政政策、货币政府，其所涉及的如农、林、水，农网改造等九个重点领域尚没有把建筑节能包含进去；在微观这个层次，迄今为止，国家尚未出台促进建筑节能工作的专门政策和法规。现有的《中华人民共和国节约能源法》对建筑节能仅有原则性规定，难以操作，我们现在开展的建筑节能工作仅靠建筑节能设计标准中的强制性条文实施这一单一手段，缺乏对建筑节能的实质性经济鼓励政策和必要的资金支持。没有法律为基础，特别是缺乏财政税收等经济激励政策，单纯依靠用户和开发商的自发行为，以及建设工程质量标准的强制推行，从长远来看，这些手段对新建建筑能起到一定的作用，但是对既有建筑的节能改造却无丝毫作用。我国既有建筑面积达 277 亿 m^2，如果要进行建筑物围护结构和供热系统的节能改造，不仅工作量巨大，而且需要大量资金投入（表4），特别是在房改后，房屋产权已归个人所有，必须有政策的支持和引导才能推动。

既有建筑节能改造所需投资　　　　　　　　表 4

北方城市既有建筑不进行节能改造 每年多耗标准煤及所花资金	北方城市既有建筑进行节能改造 每年所需投资
5280 万吨标准煤/158 亿元	320 亿元

事实上，世界各国的经验也都表明：建筑节能领域是一个市场机制部分失灵的领域，尤其是既有住房的节能改造、新能源的利用等方面，只有在政府强有力的行政干预之下，才能取得实质性的进展。

许多发达国家在 20 世纪 70 年代"石油危机"之后，就相继制定并实施了节能的专门法律，对民用建筑节能作了明确的规定，并采取了一系列经济鼓励措施；东欧国家也在近 10 年颁布并执行了相应的法律，因而建筑节能工作取得了迅速的发展。如德国、丹麦、波兰等国家对旧有建筑节能改造提供大量财政补助；美国、日本、德国对利用太阳能的建筑实行财政补助，效果很好。

建筑节能是一种以外部经济特征为主的需求，建筑节能领域是一个市场机制部分失灵的领域，这是我们过去单纯依靠实施强制性建筑节能设计标准推进建筑节能不成功的根本原因。

首先，对于既有建筑，我国城镇住宅已基本完成房屋产权由公有向私有的转化过程，住户已成为业主，这是前提条件。从宏观上分析，对这些房屋进行节能改造，无疑既有利于节约能源又有利于保护环境，而且可产生有效需求，推动经济。但是具体到住户情况就不同了。这里有两个问题需要分析：第一、改造的投资如果全由住户承担，则这种投入的回报有多大？投资回收期有多长？这是住户必须要认真权衡的问题；第二、我国城镇居民的居住模式是以公寓式住宅为主，节能改造必然涉及到整幢楼的所有住户，如果有部分住户不愿意共同投资或这部分居民属弱势群体，无力投资怎么办？对于第一个问题，根据测算，按目前的电、热力价格水平，单纯依靠节约的能源，节能改造的投资回收期至少大于10年，这么长的投资回收期，对于住户的投资愿望来讲基本上是没有吸引力的，对于第二个问题，显然单纯依靠市场机制是无法解决的。

其次，对新建住宅，新建住宅都是由开发商建造以后再销售的。对开发商而言，按新的建筑节能设计标准建设住宅必然要增加成本，据测算大体上每平方米建筑面积要增加100元，这部分增量成本只能通过提高住宅的销售价格予以消化，最终由购买者承担。提高房价带来两个问题，一是与降低房价，吸引居民购房，从而推动内需的总的政策取向相违背；二是增加开发商的风险。在目前我国每年房屋开发量如此之大，总趋势又是供大于求的情况之下，绝大多数开发商都持观望态度，不轻易使用任何增加房屋成本的技术和材料。而作为住宅销售的最终需求方——用户来说，又没用比一般住宅多至少10%的钱购买节能住宅的需求，因此建造节能住宅很难成为开发商的自觉行为。

综上所述，在建筑节能这个领域，存在住户对建筑节能改造或投入的投资收益预期小于节能增加的投入，而节能增加的投入肯定小于社会获得的综合效益如资源总量的节约、环境质量的改善、对经济增长的贡献，就住户而言，对节能的投入很难产生当期的消费需求，这是典型的外部经济的经济现象，也就是建筑节能难以依靠市场机制推动的根本原因。

芬兰在很多方面与我国类似。一是在居住模式方面，以公寓式为主；二是在供热方式方面以集中供热为主。自 20 世纪 70 年代初以来，芬兰在石油危机的压力之下，一方面通过政策进行引导，另一方面制定了严格的建筑节能设计标准。有效地解决了建筑节能领域市场失灵的问题，到上个世纪末已基本完成了全国既有建筑的节能改造，使全国区域供热的单位能耗（包括生活热水）从 1970 年的 240kWh/（m² • a）下降到 150kWh/（m² • a）。其具体做法是，首先国家颁布了"节约能源法"第一系列法律、法规同时实行了切实有效的政策。芬兰政府从 70 年代初到 1998 年，实施了"能源评估"计划，对积极采用节能技术与产品的消费者实行低息贷款和部分资助。其运作过程是先开发计算机工具软件——"能源评估体系"，并培训专业咨询人员学习使用该体系，通过专业咨询人员对建筑物的调查和业主的访问，将有关数据输入计算机，可得知建筑物能耗高的原因并能为其提供节能改造方案。具体实施是首先业主申请要求进行节能改造，与政府签订合作协议，由政府派专家上门访问调查，利用"能源评估体系"对建筑物的能耗进行评估分析，找出高耗能的原因，为业主提出节能改造的具体建议。如果业主同意实施，那么将会得到从低于总投资 20% 的财政补贴和长期的低息贷款（如 20 年利率恒定为 3%）。

荷兰政府为达到减排 CO_2 的目标，积极鼓励对太阳能、风能、生物能等新能源的研究开发和利用。如建在南荷兰省，目前是世界上最大的太阳能住宅实验项目，在技术上、社会效果、与居民的产权关系、利益等方面进行了有益的探索。

一是对利用太阳能增加部分的投资分别由政府（包括欧共体、荷兰政府、电力能源供应公司）提供 75% 的投资，另外 25% 由房屋开发商投资，这一部分由开发商从提高租金中返还。二是荷兰政府制定了鼓励新能源的经济政策，对发展新能源的研究开发与工程投资可从常规能源价格内的生态税 0.15 荷兰盾/1kWh 中支付。

政府在建筑节能方面行政管理职能的缺位，造成政府市场监管、市场引导方面的缺位，不能有效培育、规范新兴的节能建筑市场。

首先，管理建筑节能目前还没有成为政府公共管理职能的一个组成部分。在我国现行的行政管理体系中，建筑节能的行政管理职能还没有写入各级政府的"三定方案"。但是在具体的实践中，随着建筑节能管理工作的展开，大量的行政管理职能需要展开、界定和明确，否则难以依法行政。当前急需解决的一是制定促进建筑节能的政策和法规，形成相应的政策、行政、技术法规体系；二是明确由谁主管，并形成相应的行政监管能力。三是界定政府的职能究竟是什么。或者说哪些事必须由中央政府，哪些事应该由地方政府，哪些事应该发挥市场机制，一定要有明确的边界。对于中央政府来说，建立全国统一的技术和行政法规体系，确定相应的财政、经济激励政策，公布推广、限制、淘汰的技术目录等；对地方政府而言，执行中央或地方的相关立法，对业主、设计、施工、生产等相关环节依法进行行使监管权力，在地方的职权范围内确定相应的激励或惩罚政策等等。总之，政府的行政干预，关键是解决建筑节能领域内市场机制不能发挥作用的环节，其他的事应主要依靠中介组织（如具体的认证、认可等行为）和市场去完成，尤其是要认真研究如何更多地让市场机制去发挥作用。

其次，对建筑节能这种供应方与需求方信息严重不对称的市场，没有建立有效的手段进行引导、培育和规范。在建筑节能市场，大至整个建筑物是否达到节能标准，小至门、窗等产品是否达到节能性能，在供应方和需求方之间，存在着严重的信息不对称，需求方很难由自己进行判定。在发达国家主要是通过建立认证和标识手段来解决这个问题。但是，我国迄今为止，尚没有启动这方面的工作，也给建筑节能这个新兴的市场带来一系列的问题。为此，借鉴国外的成功经验是十分有益的。

能效标识和节能认证是政府实施节能标准的重要策略之一。通过评估，很多国家认为标识能使人们更容易了解产品的能耗或对环境的影响，促使制造商将产品的能效作为一种市场营销的指标。

在国外，产品评定和标识方案很多，它们的发起机构往往是中央政府和地方政府、行业协会以及第三方（如环境组织、消费者协会等）。目前，全世界有 37 个国家实施工"标识"制度，34个国家在使用能效"标准"。实践证明，通过认证和能效标识，可以取得以下效果：1）节约能源；2）制约能源增长但不必限定经济增长；3）较容易量化受益情况；4）改变厂商的行为和指导消费者；5）平等对待厂商、经销商和零售商；6）节能效果非常明显。

如莫斯科在执行建筑节能时实施了一种称为"能源护照"的计划。从 1994 年开始，莫斯科市每个新建筑的设计、施工和竣工过程中每个执行市政府节能标准的环节都记录在"护照"中备案。"护照"是从节能的角度控制建筑的设计和施工质量的基本手段，记录相关的法规文件的执行情况。1998 年就有 25％的设计因为不遵照节能标准而被退回。建筑竣工以后，"能源护照"实际上就变成了一个公共的记录文件，为可能的买方和居住者提供关于建筑节能的具体信息。因此，"能源护照"具有规范和指导市场的功能，它是跟踪和强制执行建筑节能标准的手段，也是建筑物购买者认可的一种政府"节能标识"。

四、建筑节能工作目标及对政府发挥公共管理职能的作用，全面启动建筑节能工作的建议

1. 关于建筑节能的五年工作目标

我们考虑是否能以以下三个较为鲜明的指标来概括建筑节能的五年指标（具体的数字是匡算的，需进一步论证）：

· 建筑能耗减少 50％

其具体内涵是：经过五年的工作，使所有新建的民用建筑，在目前的基础上，达到节能 50%的性能指标。

· 大气污染减排 20%

其具体内涵是通过所有新建建筑达到 50%的节能目标后，在 2002 年的基础上，每年可减少向大气排放污染物 20%的数量：据测算，应该达到如下指标：总悬浮颗粒物 10.0 万 t，SO_2 71.9 万 t，NO_x 36.0 万 t，CO_2 6992 万 t。

· 年拉动国民经济增长 0.5%

在此，只计算城市，其中新建民用建筑按节能标准建设的增量成本；既有建筑按 10 年改造完毕计算；相关产业如建材、供热等行业，只计算建材的主要部分。

2. 提高认识，把建筑节能列入国家决策层的议事日程

在指导思想和工作思路方面，建议五条：一是应把民用建筑节能提高到国家实施资源战略和可持续发展战略的高度来认识与定位；二是把民用建筑节能改造作为国家改善人民生活质量，扩大内需，形成新的经济增长点的重要措施来实施；三是把发展民用建筑节能技术作为推动建筑业产业结构调整、改造和提升建筑业的重大措施；四是把贯彻强制性民用建筑节能设计标准作为建筑体系创新的突破口，把对既有建筑的节能改造作为形成各具特色的城市风格的契机；五是把推动民用建筑节能作为政府实施公共服务、强化资源战略管理和加强环境建设的重要职能，形成政府导向、市场机制运作和受益者参与的民用建筑节能工作新格局。

3. 通过行政立法加上推行强制性标准，双管齐下，把新建建筑执行建筑节能设计标准，作为行政强制性行为，从而把建筑节能的潜在需求，转变为现实有效需求

(1) 制定以《民用建筑节能管理条例》为主体的建筑节能法规体系。

制定国务院建筑节能管理条例，通过行政立法，把对新建建筑推行建筑节能从一种号召性、自觉性行为转变为一种强制性行为，同时对既有建筑的节能改造也提出相应的要求，并明确相关

的行政职能，行政责任，同时建立相应的行政法规体系，全面启动全国建筑节能工作。

（2）形成以建筑节能设计标准为主的技术法规体系。

近期形成并完善以北方、过渡地区、南方建筑节能设计标准为主体的技术法规体系，并纳入工程建设强制性标准予以执行。从下一步适合 WTO 的规则要求来说，还需要把已形成的建筑节能强制性标准上升为法规体系。同时配套相应的技术政策、技术指南，适时公布推广、限制、淘汰的技术目录，从技术上规范、引导建筑节能的健康进程。

（3）强化行政监管体系

一方面要在各级政府的"三定"方案中，对建筑节能的主管机关、职能、编制做出明确的规定，另一方面要充分利用已有资源，尽可能减少新增行政审批环节，具体可考虑在建设行政主管部门已经拥有的设计审查、开工许可、竣工验收、住宅销售许可等行政审批职能，相应做有关建筑节能的内容扩充，不再增加行政审批环节。要通过有效的行政监管，真正使新建建筑完全按建筑节能标准进行设计、建设。

4. 实施鼓励建筑节能的经济激励政策，推动建筑节能的进程

激励建筑节能的经济政策，应区别新建建筑和既有建筑实行不同的政策和建立不同的机制。

（1）新建建筑

从总体上考虑对新建建筑实行的政策应与降低住房销售价格、增加居民的住宅消费需求，拉动经济增长及通过二次分配，减少贫富差距的大政策取向一致，即最好不增加经济适用住宅的销售价格。为此，建议如下：

对宾馆、商场等公共建筑和一般性的商品房完全按市场机制，因实行建筑节能增加的增量成本，通过提高销售价格解决。

对以解决中低收入居民住房问题为主的经济适用房，采取政府与居民共同负担的方式解决。具体政策可以这样设计，居民负担的一块大体应占 50%，通过进入房屋销售价格予以实现；政府

负担的另外 50%，建议从减少开发商所承担的房屋的税费负担加以解决，比如或者减少土地出让金收益，或者减少营业税。具体的操作过程可实行先征后返的方式即先征收相应的土地出让金、营业税，房屋建成后由建筑节能行政主管部门认可达到建筑节能性能要求并出具相应手续后，由地方财政予以返还。

(2) 既有建筑的节能改造

从思路上讲，既有建筑的节能改造应该与北方地区供热体制改革同步推进。供热体制改革关键是转变供热机制，把目前这种以财政或职工所在企业承担热费为特征"包烧制"的福利型供热，通过暗补变明补的方式，转变成为职工个人承担热费的方式，在转变供热体制的同时，实行"分户计量、室温可控、房屋保暖"的既有建筑节能改造。

既有建筑节能改造的资金来源，建议按以下政策：

一是热源和热网改造的投资，采取企业自筹的为主，辅以对中央财政债券支持的方式解决，即在以企业自筹为主的前提下，将热源和热网的改造纳入财政债券支持的项目，由财政债券以贴息的方式，支持供热企业进行技术改造。

二是室内管网和分户计量、温控装置及房屋节能改造投资，总的改造成本大约为每平方米 100 元左右。其中供热系统的改造约占 20%，房屋节能改造约为 80%。在设计上应考虑供热系统改造与房屋节能改造同步规划、同步设计，视经济承受能力，既可同步改造，也可另步实施。其投资应考虑由政府、居民或住宅产权单位及供热企业分别合理负担的方式解决。具体政策可作如下设计：

室内热力系统的改造：由政府、供热企业和居民按各承担三分之一合理分担，改造完成后，热力表表前系统产权归热力公司，表后系统归居民个人，今后的维修费用，也据此划分，即表前系统由势力公司负责，表后系统由居民负责。

房屋的节能改造：由政府、居民或产权单位共同负担。其中政府补贴部分应不低于 30%。政府负担的部分，在西部地区和东北地区，应纳入中央财政债券通盘考虑，区别不同情况实行转移支付，其余北方城市原则上自筹。

三是对于达不到城镇最低生活保障线的城镇居民，其个人应负担的热力和房屋节能改造投资应由政府承担，而且因供热体制改革改变收费机制之后所产生的热费支出，对这些弱势群体而言，应纳入社会保障体系通盘考虑，通过提高最低生活保障线标准等方式加以解决。

四是制定《关于加强民用建筑节能工作的若干意见》，争取国务院或国务院办公厅转发，在政策上有所突破。

由于建筑节能涉及多个行业、多个部门，为加强协调，真正从政策上有所突破，作为节能主管部门的建设部应联合国家经贸委、计委、财政部、税务总局等相关部门，共同制定并出台《关于加强民用建筑节能工作的若干意见》，争取由国务院或国务院办公厅转发。文件的主要内容是针对我国建筑节能存在的一些主要问题，就如何将建筑节能工作纳入中央和地方政府的日常工作、健全法规体系、建立和完善机构、制定相应的经济激励政策、完善标准体系及如何适应加入 WTO 的形势和市场规则等提出要求。

5. 以市场需求为导向，加强建筑节能技术创新力度，实行认证、认可和评定制度，规范引导市场健康有序地发展

可以预见的是，当采取行政和技术立法的方式，正式启动中国的建筑节能进程之后，对建筑节能的技术、产品的需求将会急剧增长，但目前的技术储备却完全不能适应这种形势。这种情况既可视作是一种挑战，更可视为一种难得的机遇。为此，建议：

（1）以市场需求为导向，建立以企业为主体的创新体系，促进建材产业、建筑业的产业结构调整和技术升级。

一是通过迅速、准确的信息扩散，把需求信息传送到企业，使企业充分把握市场的需求情况。为此，从政府的角度看，应该加大信息扩散的力度，充分利用各种新闻媒体及行政管理体系本身，在一定的时期之内大量地扩散相关的政策、法规、技术标准等信息，使企业能真正认识到市场的需求。

二是制定相应的产业政策和技术政策，引导企业形成创新能力。就政府而言，制定鼓励建筑节能技术与产品发展的产业政策和形成引导技术发展方向的技术政策，对于尽快形成民族产业的自主创新能力，满足日益增长的需求是十分重要的，所以这方面的政策研究和制定应尽早列入议事日程。

三是国家应该加大对建筑节能所涉及的基础性研究的投入，如新型节能材料，太阳能、地源热泵等新能源方式等等，要在国家的支持之下，进行科研攻关，形成原创能力，从整体上提高民族产业的竞争力。

（2）建立建筑节能产品、技术和节能建筑的认证、认可和认定制度，规范建筑节能市场，保护和扶持民族产业发展，努力扩大国内企业的市场份额，保护消费者权益。

一是建立建筑节能产品、技术的认证、认可体系。目前我国不少外墙外保温体系、供热计量设施等关键技术和产品往往由外国企业占领，而国内市场上产品良莠不齐，鱼龙混杂。为规范市场，扶持民族产业的发展，形成自己的具有独立知识产权的节能产业体系，我们要根据WTO《技术性贸易壁垒协议》的有关规定，同时为保护消费者的权益，参照外国的先进经验，制定符合我国国情的建筑节能认证和认可制度。

二是建立节能建筑的评定体系。其他国家的经验告诉我们，建筑是否达到节能标准或者是否具有节能性能、能节多少能是需要进行评定的。这也是对既有建筑进行节能改造及改造后的评价十分必需的手段。为此，需要建立相应的评定体系。这个体系有别于产品的认证、认可体系。产品的认证、认可体系应该在现有的国家认证、认可体系内进行扩充，但节能建筑的评定应该是政府工程质量监管体系的一个组成部分。

（3）加快推广转化先进技术的力度

加快技术立法，制定相应的管理办法；加大对新产品、新技术的扶持和推广力度，促进节能技术市场化、产业化；建立相应的产品和技术淘汰制度，限制与禁止落后产品和技术，为建筑节能工作的发展奠定坚实的基础。

6. 积极、稳妥地适度开放供热市场，实行特许经营，引入竞争机制，建立符合社会主义市场经济体制的热价形成机制，把供热企业全面推向市场；建立适合国情，以集中供热为主导，多种供热方式有效竞争，符合可持续发展战略的城市供热格局

(1) 实行特许经营，引入竞争机制。

与供水、供电等垄断性行业不同的是，城市供热的市场竞争，既包括供热企业之间的竞争，也包括不同供热方式之间的竞争，尤其我国幅员辽阔，各地气候、能源结构、居民生活习惯、经济发达程度各异，为多种供热方式特别是风能、太阳能、原子能、电能等等热源及新型供热方式，提供了不同的竞争平台。而且从国际上看，技术创新在这个领域极其活跃。抓住热改的机遇，开放市场，开放平台，引导、鼓励有效竞争是十分必要的。而且，结合国外的经验，在集中供热这个领域应采取特许经营的方式引入竞争机制.而且还应鼓励集中供热与其他供热方式的有效竞争，为此政府不仅需从资源和可持续发展的战略角度，从经济、环保、能源结构、安全等方面考虑，还要从促进技术创新的角度考虑，进行相关的政策引导，对涉及大量制度、经济、技术、法律等层面的问题，需统筹规划，尽早启动行政、技术、经济等相关政策研究，建立相关的法规体系。

(2) 建立符合社会主义市场经济体制原则的供热价格形成机制，把城市供热企业推向市场。

一是借鉴其他国家成功经验，建立了两部制为主体的集中供热热价形成机制，同时由政府对热价和相应的服务质量进行有效监管。两部制供热价格，由容量热价和计量热价组成。容量热价主要是反映集中供热的不变成本，约占热价的 30% 左右，计量热价反映可变成本，约占热价的 70% 左右。有关部门应尽早制定集中供热价格管理办法。在热价改革的同时，把供热企业推向市场，政府要建立对价格和服务质量、集中供热的室温保证、维修及时率的控制、不间断供热的监督等等的有效监管体系，并制定相应

的管理办法，切实保障消费者的合法权益。

二是研究集中供热和其他供热方式的比价关系，通过价格杠杆引导以集中供热为主的供热方针的具体落实，引导太阳能、地源热泵等洁净能源的利用。尤其是合理确定热电比价关系，使比价与国家能源利用政策取向一致。

三是由政府组织实施建筑节能示范工程建设。示范工程以点带面，是市场经济条件下政府推动建筑节能的一种有效的工作方法。我们应结合各地的不同情况，在政府的组织、协调下，有重点地建设一批提高居住质量、改善居室热环境的节能建筑和示范小区。各地要通过示范建筑、示范小区的建设，研究适应当地条件的新的节能材料、设备和技术。要以试点工程为载体，综合推广应用建筑节能新技术，展示节能成果，扩大宣传和推广。示范项目应成熟一批推广一批，并采取媒体、新闻发布会、现场会、推广会等多种形式进行宣传。

7. 加大国际合作的力度，充分利用国际资源和技术，促进供热及民用建筑节能实现跨越式的发展

目前世行、亚行、联合国环保署、全球能源基金等国际组织十分关注中国的热改和建筑节能，很多外国公司也利用我国技术水平与他们有较大的"势差"及我国广阔的市场容量，急欲进入。不得不认清的是，一些外商也在利用我们体制、观念、技术方法存在的不足，进行误导，推销国外已落后、淘汰的设备、产品、技术等。因此，审时度势，以实现跨越式发展为目标，尽早确定在供热和建筑节能方面的对外合作战略，引进先进理念、技术，运用"排放权"的概念与机制，打好"政治牌"，争取更多的国际援助和支持，充分利用国际组织的资金，促进供热和建筑节能事业的发展。

武　涌　建设部科学技术司　副司长　邮编：100835

建立我国的建筑能耗评估体系

江 亿

【摘要】 本文分析了我国进行建筑节能评估的必要性,提出了建筑能耗评估的方法以及支撑其运转的平台,并由此建立相关的激励机制。

关键词:建筑能耗 评估体系

一、建筑能耗评估势在必行

建筑节能是我国可持续发展战略的重要组成部分。改革开放以来,各级政府和有识之士都重视此事,并有一系列标准、政策、法规出台,然而至今成效不大。目前全国城镇符合建筑节能标准的建筑不足 3%,与发达国家比,我国同等条件下的建筑能耗要高出一倍以上。目前我国正处在城镇建设的鼎盛时期,据预测,到 2015 年城镇建筑的 50%以上将是 21 世纪内建造的,因此在今后新建的建筑中全面推广各种建筑节能新技术、新措施,是建筑节能工作的最重要的工作,也是建筑节能工作面临的最后一个机遇。而如果再如前十年那样,在新建筑中仅有 3%~5%为节能建筑,则将错过这最后一个机会,给子孙后代带来节能改造的巨大困难。

为什么十年来新建筑的建筑节能工作成效不大?原因在于十年前的建筑业处在计划经济下,低成本大面积是主要追求目标,无任何机制去激励投资方为节能增加投资。随着建筑向市场经济的转化,尤其是商品建筑已处在激烈的市场竞争之中,人的观念也逐渐从计划经济下"低成本大面积"的传统观念中走出,开始注意建筑物的性能，"欧陆经典"、"欧式风情"等概念频繁出现在商品房市场中，也表明开发商已将文化、环境等理念作为住宅市场中竞争手段。这种状况为推广建筑节能给出了一个新的途径。可以通过大规模宣传，使购房者认识建筑节能的重要性，通过购房者的需求去促进开发商建造节能建筑，由开发商的需求带动建筑节能技术的研究及节能产品的开发。

建筑市场的最终投资者是购房者，如果购房者成为节能建筑的动力，就一定能够使节能建筑真正推广开来。我国能源价格水平与发达国家大致相当，但居民收入却远低于发达国家。目前我国城镇居民建筑能耗的实际消费额大致为 1500～3000 元/年户，约为家庭年收入的 10%，只是由于各种补贴，使得其中相当大部分没有直接由居住者负担。随着住房改革的进一步深入，这些补贴陆续要取消或变为明补，尤其对于新建商品房，建筑能耗必然成为居住者的一项重要开支。与发达国家相比，尽管其住宅能源费用仅为家庭收入的 1%～2%，却已受到百姓的足够重视，并曾由于过冬燃料价格上涨引起社会风波。因此，引导适当的话，建筑能耗高低会成为比"欧陆经典"更重要的购房选择因素。

然而，目前根本没有建筑能源消耗量的基本数据，房产开发商不能仅以"节能建筑"为招牌去推销，购房者也无法根据图纸或在房屋现场做出是否是节能建筑的判断。因此，要使上述设想的建筑节能推动模式真正运转起来，其关键是给出建筑能耗指标，建立起建筑能耗评估体系。如同体育比赛，制定好比赛规则，选好裁判，比赛就会开展起来，各种新技术自然会层出不穷地发展。如果我们建立起一套科学的建筑能耗评估体系，建起执行这套评估体系的机构与机制，要求所有的商品房在售房时必须出具评估机构给出的能耗及热性能指标，同时不断地广泛地向消费者讲解这些指标的含义，消费者在用其半生积蓄购买房屋时，不可能无视这些指标，开发商也会利用这些指标作为推销和竞争的手段，建筑节能这场大的比赛就会蓬蓬勃勃开展起来。

二、建筑能耗评估的科学方法

建筑物是一个复杂系统，其能耗及热性能很难简单地根据建筑尺寸及窗墙形式与材料估算。用于暖通空调设计的采暖最大耗热量或空调最大耗冷量可以较简单地估算，但它不是建筑物的全年能耗。也不能作为指标去估计全年能耗。例如在一定条件下南窗的窗墙比从10%增加至50%时，其采暖负荷（最大耗热量）会从100%增加至约140%，而采暖总能耗（冬季累加值）会从100%降至约70%。

建筑物的能耗及热性能与如下因素有关：

——小区布局，这除了影响建筑各外表面可受到的日照程度外，还将影响建筑周围的空气流动。冬季建筑物外表面风速不同，会使散热量有5%～7%的差别，建筑物两侧形成的压差还会造成很大的冷风渗透；夏季室内自然通风程度也在很大程度上取决于小区布局；

——小区绿化率、水景。这将改变地面对阳光的反射，从而使夏季室内热环境有较大差异；

——建筑外表面色彩，导致对阳光的吸收程度不同，从而影响室内热环境；

——建筑形状及内部划分，将在很大程度上影响自然通风；

——建筑外墙保温方式、窗墙比、窗的形式、光透过性能及遮阳装置等，都会对冬季耗热量及夏季空调耗冷量有巨大影响；

——屋顶形式、保温方式、通风方式、色彩……会使顶层房间热状况带来很大不同；

——室内采暖方式、空调方式、可调节能力……等等。

如上诸因素又与气象参数的变化情况、当地纬度、各季节主导风向相关，如此复杂的系统全部通过现场实测，很难在短期内获得有效的数据，测量成本也很高。通过简单的计算很难得到准确、客观的结论，因此可操作的现实的方法为通过计算机动态模拟计算的方法，根据施工图纸对能耗及热性能做出预测，再根据某种标准将预测结果转化为大众便于理解的能耗和热舒适指标

（例如一至十，一级为能耗量大，十级最省能）。目前包括小区空气流动状况，小区热岛现象，建筑物内的自然通风，外墙面日照状况及内部采光情况，建筑内温度逐时变化情况及动态热负荷等都已有较为可靠的程序，进行详细的模拟计算，由于可采用图形方式输入，目前计算机的计算性能又大为提高，在实现标准化后，这种模拟分析的工作量可至 2 人·周/万 m^2。

由此可以制定建筑能耗评估标准，并开发出相应的成套软件，由专门的评估机构依据此标准使用这套软件进行能耗分析。在小区规划与方案设计阶段先对小区气流场、热岛现象、日照及采光等进行分析评价，并提出修正意见与建议；在完成施工图后，再依据施工图做出全面的能耗预测及热性能评价。当建筑物竣工后，在现场检查实际施工与设计图的一致性，最终颁发能耗和热性能指标证书。由于一座建筑不同位置热性能会有显著差别，因此能耗和热性能指标证书应该是针对每个居住单元的。

如果将商品住宅或商品建筑单元的这种能耗与热性能指标作为允许出售的必备条件，从而使购房者能清楚了解所购商品房容量的能耗与热性能时，必然会激励起开发商开发节能建筑的积极性，从而使建筑节能事业进入正反馈的良性循环。

三、建筑能耗评估的支撑平台

如果依靠上述评估方法推广建筑节能，此方法的科学性、公正性将会左右建筑节能实际的发展方向，并决定其真正的节能效果。因此，除了评估方法的科学性，有支撑监督此系统公正地运转的平台也至关重要。

从市场机制的运行模式出发，仿照目前会计师事务所对上市企业进行审计及资产评估的体制，可培育一个独立的建筑能耗评估行业，以提供服务的方式做各阶段的能耗与热性能评估、现场检查、并签发评估证书。政府机构则对此行业进行监管，包括组织制定评估标准、审查认证能耗评估师资格、颁发能耗评估事务所执照、组织评估师等。为进一步保证能耗评估行业的公正性，还可以由政府委托专门机构建立数据库存储和管理评估结果，向大众公布,并有选择地对已投入使用的评估过的建筑进行现场测试,考核评估机构给出的评估结果的正确性。恰当地设计这种监督机制,可以在市场机制的条件下,在政府部门、评估机构、开发商及购房者之间形成良好的制约机制,从而保证评估工作可以科学、公正地进行。

如此的评估过程,会增加建筑成本,其增加的成本应在 1 元/m^2 左右,约占目前建安成本的千分之一。每年建设商品房 7~8 亿 m^2 的话,评估业将成为一个年营业额 7~8 亿元的行业。如果通过这一举措使新建建筑节能 10%,使建筑物耗能容量由目前的 20W/m^2 降至 18W/m^2,则每年可节省 1.4~1.6 百万 kW 的能源建设费用,这将是 40~50 亿元/年。因此整体上看,评估业创造了 7~8 亿元的就业机会并为国家节省了每年几十亿的能源建设投入。评估业为人力密集型行业,而能源建设为资源与资金密集型,两者的就业人数基本相当。

四、在建筑能耗指标基础上的激励机制

有了上述一套科学公正的建筑能耗评估方法和支撑平台,每个售出单元均持有客观地反映其真实状况的评估证书,并建立汇集全部评估结果的数据库,就为推广建筑节能工作建立了扎实的基础,形成一个开展建筑节能工作的舞台,从而可上演丰富多彩的剧目。

——可以要求政府部门所属的新建建筑能耗指标必须优于某级（例如七级以上）以作为推动建筑节能的示范;

——可对高档次商品房规定耗能指标下限（例如五级）,劣于此限的实行罚款;

——可对能耗指标优于某级（例如七级）的经济适用房实行奖励,以刺激低成本的节能住宅推广;

——可将各种税收奖罚政策与能耗指标直接挂钩,等等。

在这样的激励机制下,低成本节能建筑将会产生巨大的直接和间接的经济效益,这就会使开发商通过市场机制支持和推动各种建筑节能技术的研究及建筑节能产品的开发与推广,由此发展

建筑节能行业，使此建筑节能事业能够在这种市场机制下良性循环，自我成长。

江　亿　清华大学建筑学院　教授，　中国工程院院士
邮编：100084

联合国气候变化政府间组织特别报告
建筑部分（摘录）

由世界气象组织（WMO）与联合国环境署（UNEP）联合组建的气候变化政府间组织（IPCC），致力于缓和世界气候变化的事业，为联合国气候变化框架公约缔约国提供科学、技术及社会经济顾问。根据联合国气候变化框架公约（UNFCCC）的要求，为缓解气候变化的影响，减少温室气体的排放，使对环境有利的有效的技术尽快得到传播，1995年以来，气候变化政府间组织邀请了世界各国多领域的200多位著名专家，经过几年时间的努力，召开过多次各种国际会议，经过多次修改补充，征求了多方面的意见后，于2000年由剑桥大学出版社正式出版了气候变化政府间组织关于技术传播的特别报告（英文版）一书，作为向联合国和各国政府的报告。该书内容包括：向决策者提供的总结，技术总结，气候变化技术传播的框架分析，各部门的技术传播，案例研究等等。该书的第七章为居住、商用与办公建筑部分，由美国能源部的John Millhone先生担任总主笔，中国、墨西哥、阿根廷、乌干达、俄罗斯、瑞士及英国各一名专家为主笔，中国主笔为涂逢祥教授。现将其中建筑部分摘译如后：

居住、商用和公共建筑部门

一、总结

居住、商用和公共建筑部门在1990年耗用地球上能源大约占1/3，大体上相当于排放 CO_2 也约占 1/3。这部分能源消耗所占的份额，发达国家要比发展中国家和经济转型国家为多。能源用于建筑采暖和制冷，提供照明，以及提供炊事以至计算机等方面的服务。建筑部分的 CO_2 排放包括在建筑中直接使用化石燃料，以及用于提供建筑用电力及采暖的燃料产生的排放。这些排放物中的 2/3 是由居住建筑排放的，其余 1/3 是由公共建筑排放的（IPCC，1996 年）。可能达到的减排目标，相对于 1992 年方案，低于基准线的比例为，2010 年 10%～15%；2020 年 15%～20%；2050 年 20%～50%。

为了达到此项减排目标，要求制定出快速地有效地工作，以扩散对环境有利的技术（ESTs）的技术传播计划。建筑部门与工业、能源和运输部门相比，较为零星、分散，使得它较难以传播技术和改变市场。最成功的政府驱动途径，包括对新建建筑和设备执行（强制性的）节能与环境标准；信息、教育与标识计划；以及政府支持的研究、开发及示范（RD&D）项目。政府通过财政、税收、法规和关税，对于私人部分成功地驱动技术传播以创造市场环境，也起到关键作用。政府特别是地方政府，还可通过积极地鉴别社会层次的需要，以及鼓励与支持社区的创造性，以鼓励社区成功地执行技术传播计划。

近期内，最成功的技术传播计划并不只是通过环境有利一个方面来推动，还因为它也符合其他的人类需要与愿望。其中的例证包括：新的节能建筑更为舒适，能提供更多的服务，同时用能费用较少，温室气体（GHG）排放量也得以减少。最成功的技术方案总是属于有多重效益的产品与技术。

二、导言

那些负责为居住、商用与公共建筑传播对环境有利的技术的人们，面临着两方面的挑战：第一，他们应该寻求途径，促使有效的新技术从一个大的范围内转移至建筑部门；第二，他们必须促使这些技术迅速地符合国际气候变化组织的目的。建筑物的寿命是长久的，社区发展模式存在的时间甚至更久。在建造时采用最好的技术所增加的费用，与所取代的耗能建筑及设备相比要少得多。技术本身也是不同的，其作用是很大的。《联合国气候变化政府间组织技术报告 I》发现，现有的技术发展趋势，可在 1990 年用能水平的基础上到 2050 年不会增加，符合本部门全球的能源需要。

可是，这些技术的传播提出了特别的问题。建筑物在其尺寸、形状、功能、设备、气候及房产主方面大不相同——所有这些都会影响到改善其性能的技术。在一些国家，住宅用能是不花钱的，或者给住户以补助。而当人们不需要支付他们所用的能源的全部费用时，他们就缺乏精明地用能的激励。在大部分住户对于立即支付其全部用能费用有很大的困难时，就会产生强大的政治压力去继续维持这种补贴。政府和能源供应者发现，投资于增加能源供应，与减少成百万的建筑房产主和运营者的能源需求相比，会较为简单，更可预见其效果。

建筑部门的特性正在发生变化。城市化对发展的选择产生很大的冲击，特别是在发展中国家，其原因是，住宅和商用建筑部门快速增加。由于在许多国家适当的住宅需求不能满足，这种倾向可望持续下去，特别是在一些发展中国家。由于这些变化，许多国家，温室气体排放份额的增加发生在建筑部门，在对环境有重大影响的土地利用规划、能源、水及废水等基础设施方面，政府的决策对人口密度及生态系统会产生长期的影响。

挑战在于如何鉴别并实施符合此种变化并且降低温室气体排放的技术。有幸的是，同一笔投资能够达到多重目的。投资于节能建筑可降低将来的用能费用；得到更为舒适更为健康的室内环境；创造生产率更高的工作场所；使其他环境得到改善；投资取得的成效更为长久。与气候变化目标有关的成功的技术传播策略，可产生若干伴生效益，见图1。

对于每一个国家来说，所需要的新技术内涵是有区别的，这取决于其本身的气候、建筑类型、能源种类、发展阶段，以及社会、经济及政治方面优先考虑的问题。这些方面会影响到技术传播优先考虑问题的评估，这是技术传播过程的第一阶段。在这个评估以后，下一个阶段将是取得技术传播计划的批准，然后则是实施、评估及调整，以及再次重复进行。

本章将提供一个简短的关于对环境有利的技术的介绍，以说

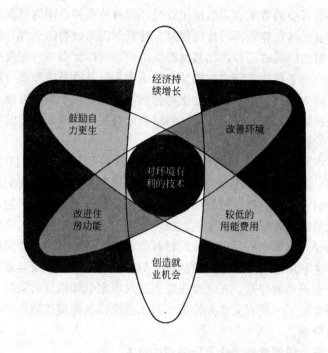

图 1   对环境有利的技术有助于达到多重目标

明其特性与趋势。其中叙述了当前的技术传播过程，包括其限制，对改变障碍的重视，克服这些障碍的不同途径，以及不同利害关系者所起的作用。通过影响私营部门有利害关系的人们及社区组织所做出的计划及决定，政府在建筑部门起着突出的作用。本章的大部分介绍了推进不同的技术传播计划的经验，其中有国内的和国际的，分析了做过和还没有做过的工作，以及应该吸取的教训。

　　本章主要集中讨论了建筑方面的事情。建筑部门与能源供应部门之间划分的界限为建筑围护结构、电能、热能及其他能源通过此围护结构进入建筑物中，直接引入建筑物的可再生能源系统，如光伏电池板，一部分也作为建筑部门的工作考虑。当工业生产过程主导着建筑物能耗时，即成为工业部门的一部分。

当首要的着重点为增加能效时，燃料的变换也能降低温室气体排放。这在建筑部门特别重要，建筑部门对燃料的选择，包括对可再生能源的选择，比其他终端用户部门广泛得多。在发展中国家，用于居住建筑中的能源包括了大部分非商品能源或传统能源，诸如木材、木炭及其他生物材料，特别是用于炊事方面。能源变换以及未来各种能源可能的结合，都将对一个国家建筑部门选用的技术产生影响。

本章也会涉及早些时候气候变化政府间组织报告（IPCC，1996）关于人类住区有关章节中的一些课题。由于其对建筑用能的影响，本章也简要地介绍了土地使用规划以及用水等课题。因为大量能源要用于水的加热、处理及泵送，节水项目可以节约大量能源。建筑中所采用的建筑材料是要用能源生产的，建筑材料的再生利用的可能性等问题都应予关注，因为这些事情与可持续发展有重要的联系。在主要注意力放在温室气体减排的同时，本章还介绍了一些有关水务管理、污水系统以及建筑规范标准等方面的措施。

三、缓解气候变化及所采用的技术

大量文献介绍了在建筑和市政工程中关于改进用能效率、采用可再生能源、减少温室气体排放以及对气候变化影响的各种技术。回顾我们以往的历史，能源被认为是如此丰富、如此廉价，以至于不需要对于如何精明地使用它，从科学和技术上加以重视。只是在最近 25 年来，这种情况才发生了变化。科学家们已经十分重视能源，并且发现了实际上在用能的各个领域都大有用武之地。建筑部门的多样性使技术革新成为一个人们十分钟爱的事业。然而，本报告集中于如何将技术传播给新用户，只对此内容相当丰富的领域提供了总结性的描述。

1. 居住建筑

对于居住建筑部分来说，温室气体减排技术可分为三类：建筑围护结构策略，建筑设备策略与可再生能源策略。建筑围护结构策略关注居住建筑单体的尺寸、体形、朝向以及保温隔热性能。

减排技术的例子包括增加墙体和屋顶的保温隔热，先进的窗户技术，屋顶被覆层以及减少或控制空气渗透。建筑设备策略为改善采暖及制冷、照明、炊事、冰箱、热水、洗衣与晾干、空调及其他家用的设备。例子包括凝汽锅炉技术、紧凑型荧光灯及先进的冰箱压缩机。可再生能源策略包括被动式太阳能建筑设计及主动式太阳能热水及采暖系统，地源热泵、日光策略及光伏系统。在居住建筑中，技术选择随气候、单户住宅还是多户公寓、城市还是农村（传统的）社区而大不相同。

2. 商用及办公建筑

这部分包括不同的建筑类型，诸如办公房屋、零售商店、学校、医院、仓库、剧院和礼拜堂。然而，对于每一类建筑来说，如办公建筑，这类建筑无论在发达国家还是在发展中国家往往都是类似的，采取类似的节能策略。电是主要的能源，在工业化国家中电力提供了其中 70％的能源需求（EIA，1994）。然而，在不同国家中能源结构是大不相同的，如在中国，对于商用及办公建筑，煤是主要的供热用能源，而在其他国家，别的能源占主要地位。

与居住建筑一样，商用建筑的减排技术可分为三类。建筑围护结构策略，随着其建筑的尺寸及类型与气候条件而不同。对于许多建筑类型来说，墙体和屋顶保温是重要的。在近代的商用办公建筑中，由于设备及人员的关系，内部散热较多，减少了保温的重要性，增加了窗户和玻璃系统的重要性。建筑设备策略重点在于采暖与制冷、高效照明、能源管理控制系统，以及办公设备的效率。可再生能源技术策略包括光伏发电、主动式和被动式系统以及日光利用。一般说来，可再生能源技术是当其与建筑朝向、外形、设计结合时最为有效，对于限制城市能耗的增长有着重要的作用。在不远的将来，以互联网为基础的信息系统愈益广泛的使用，可能会改变工作地点的模式，分散在家中工作。电力工业的调整更注重于一天中不同时间的电价，并通过商用建筑内的蓄能系统用合同鼓励减少负荷。

3. 采用的技术

减排温室气体的多种技术也有助于影响可能的气候变化。例如，政府提供有实效的土地利用规划的能力，对于许多环境问题的处理是很重要的。运用这种权威，地方政府可以以较高的密度使居住及商用建筑密集，以改善热电联产系统的效率。一个城市的街道及建筑物的布置，可以使太阳能的利用得以优化。通过限制开发易涝平原或可能的滑坡沼泽地带，城市可避免当时及以后的洪水。尽量减少铺装路面，多种树木，可减少洪水，缓解城市热岛效应，减少空调能源需求。用水设备，如洗衣机可以开发成节能和节水型的进入市场。建筑规范与标准可减少能耗，并可减轻破坏性的异常气候对建筑的危害。通过土地利用、建筑设计、设备与材料的选择，以及资源可再生利用的策略，可以使一个系统或整个建筑物做到既减少温室气体排放又达到原定工程目标。

所采取的策略随发达国家与发展中国家而有所不同。在出版文献讨论涉及主要的新技术时，应注意到利用建筑热容量、空气对流运动、夜间不用能辐射等，可更广泛地使用于发展中国家及发达国家之中。

四、吸取的教训

从建筑部门对环境有利的技术传播中取得的经验教训，包括有：

·建筑物由于其功能、尺寸、外形、气候、业主、寿命、设备、建筑材料、文化、质量与造价而大为不同：在国家之间、地域之间这些性能的结合也各不相同。技术传播策略需要注重这些差别。

·本国政府对于直接地通过政府执行的计划，以及间接地通过创造国内环境吸引私人执行的计划，以及鼓励社区执行的计划，以促进成功地执行计划，负有主要责任。

·本国政府可通过建筑部门鉴别最重要的技术，以逐步达到其社会、环境、经济与能源的目标。

·推进这些技术的最有效的办法，就是将一系列计划合成起来，其中包括信息与教育计划，全费用能源价格，能源与环境标识，建筑与设备标准，示范引导以及对研究开发的支持。

· 对于环境有效的技术来说，最大的资金来源就是私人部门。为了吸引这些资金，一个国家需要排除任何鼓励投资的人为的贸易、法规、税收或商业方面的障碍。

· 社区组织对于作为国家策略一部分具有一种基本的作用。市民直接参与对于在住宅改造计划的设计与实施工作中，鉴别优先顺序、障碍及途径是特别重要的。

· 为了鉴别建筑部门的技术需求，激励这些技术的开发以及使技术传播变得容易，国际联系和地域联盟是必要的。

涂逢祥　白胜芳　编译

当前外墙外保温技术发展中的几个问题

王美君

【摘要】 本文简要地分析了外墙外保温的优越性及其在我国的发展,着重讨论了当前存在的几个重要问题,如防火、抗风压、贴面砖、内部结露以及无序竞争等,并提出了对外墙外保温发展前景的看法。

关键词:外墙外保温 发展 问题

外墙外保温技术在我国进行研究开发,已有 10 余年的历史。在建筑节能迅速发展的今天,由于外墙外保温突出的优越性,以及我国房屋建筑多为多层及高层建筑,主要采用重质结构的特点,外墙外保温技术已经在北京等一些北方中心城市得到了广泛的应用,正日益成为主导性的墙体保温技术,并将在全国范围内进一步迅速扩散,拥有更加广阔的市场。

一、外墙外保温的优越性

外墙外保温的优越性是十分明显的:它能避免产生建筑热桥,避免内墙面冬季结露;有利于保护主体结构,大大减少温度应力对结构的破坏作用,增加结构寿命;比内保温增多建筑使用面积;在对既有房屋进行节能改造时,不致干扰原有住户生活;便于进行外装饰,可以使建筑物更为美观,等等。与此同时,由于我国居住建筑多采用混凝土或砖混结构,结构体十分厚重,热容量大,在采用外墙外保温的条件下,建筑热稳定性良好,不仅少用能源,而且房屋冬暖夏凉,居住舒适,有利于改善建筑热环境,提高人民生活水平，因而非常受广大居民和开发商的欢迎。

二、外墙外保温的发展概况

10多年前，我国少数城市曾经用外墙外保温方法试验性地建造过一些房屋和个别小区。当时，由于技术未能掌握，致使外墙表面产生了许多裂缝，保温效果并不好，走了一些弯路。但是，我们很快吸取了教训，总结了经验。通过引进和考察国外先进的外墙外保温技术，主要依靠企业自主进行研究开发，加上一些国外的外墙外保温企业进入中国市场，传播他们的技术，通过短短几年时间的努力，我国外墙外保温技术水平就得到了迅速提高，工程质量可以得到保证，造价也有所降低。到现在，已形成了多种外墙外保温技术并存，相互促进，彼此竞争，共同提高的局面。所采用的高效保温材料，以膨胀型聚苯乙烯居多，也有用挤塑型聚苯乙烯、岩棉、聚氨酯、玻璃棉的，有些工程则采用了含有聚苯颗粒的浆料；保温材料固定的方法，有采用粘贴、粘钉结合或者钉固的；有在浇灌外墙混凝土时将膨胀型聚苯板直接放在外模板内侧，通过浇固结合的；还有将保温浆料抹在外墙外表面上的等等，多种多样，各有千秋。上述种种方法，只要采用的材料、构造和工艺得当，都能够保证工程质量，并且已在不少城市建成了数以百万平方米计的优质外墙外保温工程，得到了建筑界的好评。

三、当前外墙外保温技术存在的若干主要问题

然而，与此同时，也必须看到，在外墙外保温技术大发展的同时，技术上仍然存在着若干隐患，这些隐患并没有引起有关方面的严重关注。如果继续忽视，没有及早采取积极措施，就有可能招致严重的不良后果。这里提出几个比较重要的问题，供大家研究考虑：

一是防火问题。防止可能发生火灾是建筑技术必须考虑的一个重要问题。尽管外保温层在外墙外表面，尽管采用了自熄性的聚苯乙烯板，但在房屋内部发生火灾时，大火仍然会从窗户洞口往外燃烧，波及窗口四周的聚苯保温层。如果没有相当严密的防护隔离措施，很可能会造成灾害。火势会在外保温层内蔓延，以

致将整个保温层烧掉。因此，外墙外保温建筑中，所有门窗洞口周边的聚苯保温层的外表面，都必须有非常严密、而且厚度足够的保护面层覆盖，以免聚苯板立即被窗口窜出的火苗点燃融化；再就是高层建筑采用聚苯板做外墙外保温材料时，一般每隔两个楼层就应该设有由岩棉板条构成的隔火条带，以免在发生火灾时火势蔓延，以致将全部聚苯板保温层烧掉。

二是高层建筑保温层抗风压、特别是抵抗负风压的问题。越是建筑物高处，风速越快，风力越大。特别是在背风面上产生的吸力，很有可能会将保温层吸落。因此，对保温层应采取十分可靠的固定措施。要计算当地不同层高处的最大风压力，以及保温层固定后所能抵抗的负风压力，并按标准方法进行耐负风压力检测，取得可靠数据，以确保在最大风荷载时保温层的固定仍然十分牢固，不致松动脱落。

三是在外保温层表面贴面砖要特别慎重。在低层建筑墙面上贴面砖，如果措施得当，材料、工艺技术措施严密，问题可能不很大。问题是用于高层建筑，所有的面砖粘结层必须能经受住多年风雨侵蚀、气候变化而始终保持牢固，否则若干年后，即使个别面砖脱落掉下，砸伤砸死行人，后果也不堪设想。因此，一般情况下尽量不用面砖装饰；对于一些实在要贴面砖的建筑，其构造设计、粘结材料、施工工艺都必须以高度的责任心，严格认真做好、做到万无一失。

四是关于避免保温层内部结露的问题，国内有些不同看法。由于冬季室内水蒸气通过墙体向外渗透，不断进入外墙内部，有可能在保温层内部造成结露。由于中国冬天北方气候相对干燥，一般住宅室内湿度不高，这个保温层内结露的问题并不大；但是，对于一些室内湿度较高的建筑，就不能忽视这个问题。有些国家的做法，是在外墙内设隔汽层，以阻止室内水汽向外渗透，或者在墙内设空气间层，等等。已有多种做法，可供参考，但造价有所增加。

除了技术问题以外，近两年来，还产生了一个外保温企业之间无序恶性竞争的问题。有些人了解到外墙外保温市场广阔，有利可图，即使对外保温技术只有一知半解，也建立公司，招揽保温工程。他们往往以低于市场成本的价格投标，来抢占外墙外保温业务。竞相压价的结果，只能是偷工减料，降低质量，造成损失。为此，政府有关部门应该认真进行企业资质审查，严格进行外保温质量检验；开发商也首先应重视施工企业的工程质量和信誉，不应以标价高低为选择技术的主要依据。现在，一些有实力的企业已成立了外墙外保温理事会，制定行规行约，以行业自律的形式实行质量承诺，保证工程质量。希望依靠多方面的共同努力，缓解这个问题。

四、外墙外保温发展展望

由于我国建筑节能工作正由北方采暖地区向南方夏热冬冷和夏热冬暖地区推进，由居住建筑向公共建筑发展；又由于外墙外保温的优越性正越来越被房屋开发建设与设计单位所认识和接受，技术又越来越趋于成熟，中国的外墙外保温工程正在快速增加。加上既有建筑的节能改造工作迟早会要提上日程，节能改造工作量将极为巨大，而外墙外保温必然是建筑节能改造的一项基本措施。由此可见，在近几个五年计划期间，外墙外保温工程将会持续不断地快速增加，日益成为一项最基本的保温隔热关键技术。

这些年来，世界各国保温节能技术迅速发展，各种外墙外保温技术层出不穷，保温要求也在不断提高，在我国加入WTO的情况下，许多国家的外墙外保温企业正在纷纷进入中国建筑市场，企图占有一席之地，国外一些有特色的有竞争能力的技术将在中国站稳脚跟。中国许多外墙外保温企业也必将自力更生，努力吸收国外先进技术，结合本国实际研究开发，不断创新，以更高的工程质量，更加经济合理的价位，赢得外保温市场更大的份额。一些技术能力低、管理水平差的企业必将逐步被淘汰出局。

今后，外墙外保温技术将会更加多种多样，丰富多彩，采用不同保温材料、不同构造、不同工艺（手工的、半工业化的、工业化的）的做法并存。既互相学习，又互相竞争。保温隔热材料性能将会更加优越，保温隔热要求也会越来越高。一些质量优良、价位合理的外墙外保温技术将占到较大优势。

由于中国建筑规模十分宏大，也由于中国建筑主体结构以厚重结构为主，在建筑节能跨越式大发展的条件下，我国的外墙外保温市场很可能会成为世界上最广阔的最有活力的外保温市场。我们将拭目以待。

王美君　北京中建建筑科学技术研究院　高级工程师
邮编：100076

GKP 外墙外保温技术指南
WW2002-101

中国建筑业协会建筑节能专业委员会
外墙外保温理事会

一、GKP(注1)**外墙外保温基本做法**

1. 基本构造—在结构墙体外侧粘贴自熄型聚苯乙烯泡沫塑料，再在外侧抹聚合物砂浆防护，砂浆中间用耐碱玻璃纤维网格布增强，形成一个整体的外保温系统。基本构造示意图如下：

2. 系统特点

（1）用聚苯乙烯泡沫塑料作保温层，保温可靠，质量稳定，自重轻；

（2）粘结强度高，必要时辅之以机械锚固件，与墙体连接安全；

（3）低碱水泥和耐碱玻

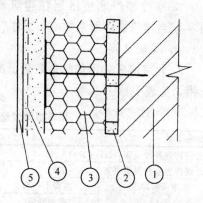

基本构造示意图

①基层—钢筋混凝土墙，各种砌体墙；②粘结层—KE 聚合物水泥砂浆。必要时加设机械锚固件；③保温层—聚苯乙烯泡沫塑料板（阻燃型）；④保护层—用耐碱玻纤网格布增强的 KE 聚合物水泥砂浆；⑤装饰层—涂料或其他质量≤20kg/m² 的外饰面

注 1：GKP 外墙外保温系统，G 代表用玻纤网格布（glass-fiber mesh）做增强材料；K 代表用聚合物 KE 多功能建筑胶做水泥砂浆改性剂；P 代表选用聚苯乙烯（polystyrene）泡沫塑料做保温材料。

纤网格布组合，外保温系统有更好的耐久性；

（4）低碱水泥收缩小，KE 胶改性的水泥砂浆—聚合物砂浆弹性模量低；适当留伸缩缝，吸收水泥砂浆收缩变形，系统抗裂性更好；

（5）抗冲击性能好；

（6）施工方便，造价较低。

二、适用范围

按设计需保温、隔热的新建、扩建、改建民用建筑。

1. 建筑高度一般不超过 100m；

2. 墙体为混凝土或各种砌体；

3. 外饰面质量不超过 20kg/m²。

三、设计与节点构造

1. 寒冷和严寒地区居住建筑外墙外保温聚苯板厚度的选用(注2)。当建筑物体形系数≤0.3 时，见表 2；当建筑物体形系数＞0.3 时，见表 2 续。

2. 北京地区采用传热系数更低的外窗时，保温聚苯板厚度的选用，见表 1。

聚苯板厚度选用表　　　　　　　　　表 1

体形系数		≤0.3	＞0.3	
外窗传热系数（W/（m²·K））		≤3.5	≤2.6	≤3.0
外墙传热系数限值（W/（m²·K））		1.16	1.15	1.07
聚苯板厚度 （mm）	混凝土外墙	30		30
	砌块外墙	30		30

注 2：关于居住建筑外墙外保温聚苯板推荐厚度表的说明：

（1）当窗户保温性能优于本表所示类型时，可按 JGJ 26—95《民用建筑节能设计标准（采暖居住建筑部分）》规定，重新计算聚苯板厚度。

（2）在寒冷和严寒地区，居住建筑外墙外保温采用本表聚苯板推荐厚度，不仅能满足 JGJ 26—95《民用建筑节能设计标准（采暖居住建筑部分）》的冬季保温和节能要求，而且能满足 GB 50176—93《民用建筑热工设计规范》的夏季隔热要求。

（3）在夏热冬冷地区，居住建筑外墙外保温，当基层外墙为表 3.1 续的各种外墙条件下，聚苯板的厚度采用 30mm 时，能满足 JGJ 134—2001《夏热冬冷地区居住建筑节能设计标准》的冬季保温和节能要求，也能满足 GB 50176—9《民用建筑热工设计规范》3 的夏季隔热要求。

表 2

寒冷和严寒地区居住建筑外墙外保温聚苯板推荐厚度最低值（当建筑物体形系数≤0.3时）

采暖期室外平均温度（℃）	代表性城市	钢筋混凝土		混凝土砌块		灰砂砖、矿渣砖		粘土、煤矸石多孔砖		粘土实心砖		窗户类型
		160~200	250~300	190 单、双排孔	240 三排孔	240	370	190	240	240	370	（聚苯板推荐厚度 δ (mm)）
2.0~1.0	郑州 洛阳 徐州	30	30	30	30	30	30	30	30	30	30	上行数据对应单层塑料窗，下行数据对应单框双玻窗
		30	30	30	30	30	30	30	30	30	30	
0.9~0.0	西安 拉萨 济南	30	30	30	30	30	30	30	30	30	30	
		30	30	30	30	30	30	30	30	30	30	
−0.1~−2.0	石家庄 德州 天水 北京 天津 大连	40	40	40	40	40	40	30	30	30	30	
		30	30	30	30	30	30	30	30	30	30	
−2.1~−3.0	兰州 太原 唐山	40	40	40	40	40	40	30	30	40	30	
		30	30	30	30	30	30	30	30	30	30	
−3.1~−4.0	西宁 银川 丹东	50	50	50	50	50	50	50	50	50	40	单框双玻金属窗
−4.1~−5.0	张家口 鞍山 酒泉	50	50	50	50	50	50	50	50	50	40	
−5.1~−6.0	沈阳 大同 本溪	50	50	50	50	50	50	50	50	50	40	
−6.1~−8.0	呼和浩特 抚顺 延吉 通辽 四平	60	50	50	50	50	50	50	50	50	40	单框双玻塑料窗或双层金属窗
−8.1~−9.0	长春 乌鲁木齐	70	70	70	70	70	70	60	60	60	60	
−9.1~−11.0	哈尔滨 牡丹江 佳木斯 安达 齐齐哈尔	80	80	80	80	70	70	70	70	70	70	
−11.1~−14.5	海伦 博克图 伊春 海拉尔 满洲里	80	80	80	80	70	70	70	70	70	70	三玻窗

43

寒冷和严寒地区居住建筑外墙外保温聚苯板推荐厚度最低值（当建筑物体形系数＞0.3）

表 2 续

采暖期室外平均温度（℃）	代表性城市	聚苯板推荐厚度 δ (mm)										窗户类型
		钢筋混凝土 160~200	250~300	混凝土砌块 190单、双排孔	240三排孔	灰砂砖、矿渣砖 240	370	粘土、煤矸石多孔砖 190	240	粘土实心砖 240	370	
2.0~1.0	郑州 洛阳 徐州	40	40	40	40	40	40	40	40	40	40	上行数据对应单层塑料窗，下行数据对应单框双玻金属窗
		30	30	30	30	30	30	30	30	30	30	
0.9~0.0	西安 拉萨 济南	50	50	50	50	50	50	50	50	40	40	
		30	30	30	30	30	30	30	30	30	30	
−0.1~−2.0	石家庄 德州 天水 北京 天津 大连	70	70	70	70	70	70	60	60	60	60	
		40	40	40	40	40	40	40	40	40	40	
−2.1~−3.0	兰州 太原 唐山	70	70	70	70	70	70	60	60	60	60	
		40	40	40	40	40	40	40	40	40	40	
−3.1~−4.0	西宁 银川 丹东	50	50	50	50	50	50	50	50	50	50	单框双玻金属窗
−4.1~−5.0	张家口 敦山 酒泉	60	60	60	60	60	60	60	60	60	60	
−5.1~−6.0	沈阳 大同 本溪	70	70	70	70	70	70	60	60	60	60	
−6.1~−8.0	呼和浩特 抚顺 延吉 通辽 四平	80	80	80	80	80	80	70	70	80	80	单框双玻塑料窗或双层金属窗
−8.1~−9.0	长春 乌鲁木齐	90	90	90	90	90	90	80	80	80	80	
−9.1~−11.0	哈尔滨 牡丹江 佳木斯 安达 齐齐哈尔	100	100	100	100	100	100	90	90	90	90	
−11.1~−14.5	海伦 博克图 伊春 海拉尔 满洲里	100	100	100	100	100	100	90	90	90	90	三玻窗

四、主要材料及技术要求

1. 聚苯乙烯泡沫塑料板，厚度按施工图设计，技术指标除应满足 QB/T3807—1999《隔热用聚苯乙烯泡沫塑料》中的阻燃型要求外，其表观密度、拉伸强度、养护时间和尺寸偏差还应符合表3的要求。

聚苯乙烯泡沫塑料板技术指标、最大尺寸偏差　表3

表观密度 (kg/m³)	拉伸强度 (MPa)	尺 寸 偏 差				养护时间 (d)	
		厚度≤50时 (mm)	厚度>50时 (mm)	长、宽、板边平直、板面平整 (mm)	对角线差 (mm)	自然养护	60℃蒸汽养护
≥18	≥0.1	±1.5	±2.0	±2.0	±3	≥42	≥5

2. 聚合物砂浆，采用北京住总集团技术开发中心生产的双组分料—KE多功能胶和KE干混料，按质量比1∶4复合而成。用于粘贴聚苯板和外防护层抹灰，技术指标见表4。

聚合物砂浆技术指标　表4

项　　　　目		指　　标
压剪粘结强度，（MPa）（与水泥砂浆）	常温常态 14d	≥1.00
	常温常态 14d 浸水48h	≥0.70
拉伸粘结强度，（MPa）（与水泥砂浆）	常温常态 14d	≥1.00
	常温常态 14d 浸水48h	≥0.70
拉伸粘结强度，（MPa）（与18±1kg/m³ 聚苯板）	常温常态 14d	≥0.10，且聚苯板破坏
	常温常态 14d 浸水48h	≥0.08，且聚苯板破坏
	常温常态 14d 冻融25次	≥0.08，且聚苯板破坏
抗裂性		厚度5mm以下无裂纹
柔韧性	抗压强度/抗折强度（水泥基）	≤3.0
	开裂应变（无水泥基）	≥0.015
可操作时间（h）		2±1

3. 耐碱型玻纤网格布技术要求见表5。

耐碱玻纤网格布技术要求　　　　　　　**表 5**

检 测 项 目		技术指标（标准网格布）
标准网孔尺寸　　　　（mm）		4～6×4～6
公称单位面积质量　　（g/m²）		≥160
断裂应变　　　　　%		≤5
耐碱断裂强力保留率　%		≥80
耐碱断裂强力保留值　N/50mm		≥1000
含胶量%	耐碱玻纤网格布	≥7
	树脂涂覆中碱网格布	≥15

4. 如有必要使用机械锚固件，采用 $\phi8～10×80～100$ 专用尼龙胀管或胀塞（型号视保温厚度选用），拔出力≥2000N，吊挂力≥2000N。

5. 嵌缝材料：填缝用发泡聚乙烯圆棒（背衬），其直径按缝宽的 1.3 倍选用。外侧嵌建筑密封膏，应符合 JC482～484—92《建筑密封膏》标准要求。

6. 面层涂料：专用配套弹性涂料。如业主要求自定涂料，推荐选用延伸率（24℃条件下）≥200％的弹性涂料。

五、施工

1. 施工条件

（1）GKP 外墙外保温施工，应在结构、外门窗口及门窗框、各类墙面安装预埋件施工及验收完毕后进行。基面达到 GB 50204—2002《混凝土结构工程施工质量验收规范》、GB 50203—2002《砌体工程施工质量验收规范》中有关要求，见表 6。

墙体基面允许尺寸偏差　　　　　　　**表 6**

工程做法	项　　目			允许偏差（mm）	
砌体工程	墙面垂直度	每层		5	（2m 托线板检查）
		全高	≤10m	10	（经纬仪或吊线和尺检查）
			>10m	20	
	表面平整度	清水墙		5	（2m 直尺和楔形塞尺检查）
		混水墙		8	
混凝土工程	垂 直 度	层间	≤5m	5	
			>5m	8	
		全　高		H/1000 且≤30	
	表面平整度	2m 长度		8	

（2）操作环境温度不低于 5℃，风力不大于 5 级。

（3）雨天不能施工。

2. 材料准备

（1）单位保温面积耗材指标，见表 7。

单位保温面积耗材指标(注 3) 　　　　表 7

材料名称	KE 胶	KE 干混料	聚苯板	网格布	固定件
单方耗量	2kg	8kg	0.054m³（50mm 厚）	1.3m²	2～4 套

（2）材料存放要求

①在库（棚）内存放，注意通风、防潮，严禁雨淋。如露天存放，必须加苫盖。

②KE 胶存放温度不得低于 5℃；聚苯板的存放时间应满足表 3 养护时间的要求。

③各类材料应分类存放并挂牌标明材料名称。

3. 主要施工机具

称量衡器，电动搅拌器，电锤（冲击钻），电动打磨器（砂纸），壁纸刀，自动（手动）螺丝刀，剪刀，钢丝刷，扫帚，棕刷，开刀，墨斗，抹子，压子，阴阳角捯子，托线板，2m 靠尺等。

4. 施工工艺流程

根据工程进度及现场情况，可分单组双向或两组同向流水作业，即单组粘（钉）保温板由下到上施工，抹灰由上到下施工；双组粘（钉）保温板和抹灰均由下到上施工，流水间隔 12h 以上。

施工工序见图 1 施工工序简图。

注 3：

1. 聚苯板耗材指标，当保温聚苯板厚度 30mm 时，聚苯板单方耗量为 0.032m³；当保温聚苯板厚度 40mm 时，聚苯板单方耗量为 0.043m³。

2. 嵌缝材料耗材指标按延长米计，缝宽为 20mm 左右时，需 φ25 背衬 1.10m，密封膏 0.44kg。

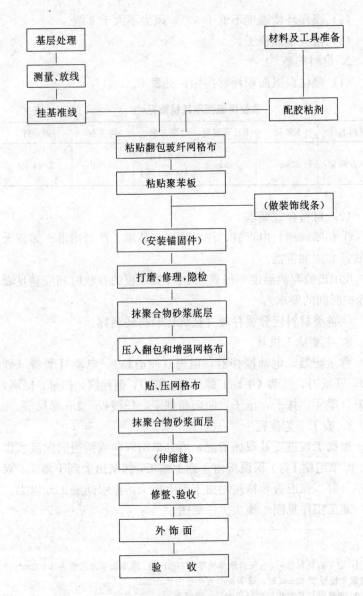

图 1 施工工序简图

5. 施工要点

（1）基面处理

①检查并封堵基面未处理的孔洞；清除墙面上的混凝土残渣、模板油等。

②先用钢丝刷刮刷，再用苕帚清扫，除去墙面灰尘。

③对于旧建筑做外墙外保温，除按上述要求作必要的基层处理外，应对聚苯板与老墙面的联结强度进行检测，确定聚苯板的固定方案。

（2）墙面测量及弹线、挂线

①在阴角、阳角和墙面适当部位固定钢线以测定垂直基面误差，作好标记并记录；在每一层墙面上适当的部位（窗台下方）拉通长水平线用以测定墙面平整度误差，做好标记。

②当误差超过规定值时，会知甲方有关部门，双方通过洽商（书面）确定处理方案。

③依照基准线弹水平和垂直伸缩缝分格线。

④挂控制线：墙面全高度固定垂直钢线，每层板挂水平线。

（3）粘贴安装聚苯板

①配制胶粘剂：配比为 KE 干混料：KE 胶＝4：1，用电动搅拌器搅拌均匀，一次的配制量以 60min 内用完为宜。

②粘翻包（包边）网格布：聚苯板安装到墙面的上、下、左、右顶点（含伸缩缝、门窗洞口、阳台栏板等处时）要预贴（在粘贴聚苯板前完成）翻包（包边）网格布，布宽为保温板厚＋200mm，长度根据该点具体情况确定。（参见图 5 伸缩缝做法）

③涂抹胶粘剂：聚苯板通常规格为 900mm×600mm。在板边缘抹宽 50mm、高 10mm 的胶粘剂，板中间呈梅花点布置，间距不大于 200mm，直径不大于 100mm（粘结面积≥板面积的 30%）板上口留 50mm 宽排气口（见图 2 聚苯板粘结布点图）。板在阳角处要留马牙茬，伸出的聚苯板所抹胶粘剂要缩回，缩进宽度略大于聚苯板厚度。

④粘结聚苯板：粘板时应轻柔均匀挤压板面，随时用托线板

检查平整度。每粘完一块板，用木杠将相邻板面拍平，及时清除板边缘挤出的胶粘剂；聚苯板应挤紧、拚严，若出现超过2mm的间隙，应用相应宽度的聚苯片填塞；严禁上下通缝（见图3聚苯板排列示意图；图4门窗洞口聚苯板排列示意图）。若墙体基面局部超差，可调整胶粘剂或聚苯板的厚度。

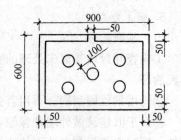

图2 聚苯板粘结布点图

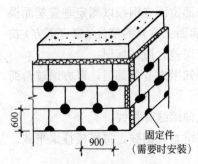

图3 聚苯板排列示意图

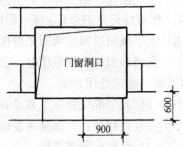

图4 门窗洞口聚苯板排列示意图

⑤聚苯板修整：粘贴好的聚苯板面平整度要控制在2～3mm以内。超出平整度控制标准处，应在聚苯板粘贴12h后用砂纸或专用打磨机等工具进行修整打磨，动作要轻。

⑥如需安装锚固件，当聚苯板安装12h后，先用电锤（冲击钻）在聚苯板表面向内打孔，孔径按依据保温厚度所选用的固定件型号确定；深入墙体深度，随基层墙体不同而有区别：加气混凝土墙≥45mm，混凝土和其他各类砌块墙≥30mm；然后安装锚固件，每平方米2～4个。

（4）压贴翻包网格布。在设翻包网格布处的聚苯板边缘表面，点抹聚合物砂浆，将预贴的翻包网格布抻紧后粘贴平整，注意与聚苯板侧边顺平。

（5）安装伸缩缝分隔木条（米厘条）：米厘条断面大小根据伸缩缝大小确定，在使用前要充分吸水，然后将米厘条嵌入分格缝内，露出板面 3～5mm，找平、固定。

（6）抹聚合物砂浆防护层（包括底层、网格布、面层）

①聚合物砂浆的配制：配合比与胶粘剂相同（KE 干混料：KE 胶＝4：1），将 KE 干混料倒入槽中，按配合比倒入 KE 胶（计量必须准确，严禁加水），用电动搅拌器搅拌均匀，一次搅拌量的使用时间不宜超过 60min。

②抹底层聚合物砂浆：将搅拌好的聚合物砂浆抹于安装好的聚苯板面上，厚度平均为 2～3mm。

③贴压网格布：剪裁网格布应顺经纬线进行。将网格布沿水平方向绷平，平整地贴于底层聚合物砂浆表面，用抹子由中间向上、向下及两边将网格布平压入砂浆中，要平整压实，不得皱褶，严禁网格布外露；网格布的搭接，左、右搭接宽度不小于 100mm，上、下搭接宽度不小于 80mm。

④抹面层聚合物砂浆：在底层聚合物砂浆终凝前，抹 1～2mm 厚的聚合物砂浆罩面，以刚不见网眼轮廓为宜。砂浆切忌不停揉搓，以免造成泌水，形成空鼓。如底层聚合物砂浆已终凝，应做界面处理。

⑤聚合物砂浆防护层总厚度 3～5mm；首层用双层网格布加强，总厚度 5～7mm。

（7）伸缩缝 (注 4)

①抹完聚合物砂浆面层后，适时取出伸缩缝分隔木条（米厘条），并用靠尺板修边。

②填塞发泡聚乙烯圆棒：抹灰 24 小时后填塞，直径为缝宽的 1.3 倍；圆棒弧顶距砂浆表面 10mm 左右，圆棒在缝内要平直并

注 4：伸缩缝的设置，一般水平方向宽 10m、垂直方向高 15m 以内不设伸缩缝。水平、垂直超过上述尺寸或无洞口墙面面积超过 120m² 时，应适当设伸缩缝。伸缩缝宽度通常为 15～20mm。

深浅一致。操作时要避免损坏缝的直角边。

③填密封膏：清除伸缩缝内的杂物，在分格缝的两边砂浆表面粘贴不干胶带；向缝内填充密封膏，并保证密封膏与膨胀缝两边可靠粘结，与抹灰面刮平还是做成凹、凸线条，视建筑立面要求确定（见图 5 伸缩缝做法）。

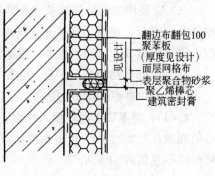

翻边布翻包100
聚苯板
（厚度见设计）
面层网格布
表层聚合物砂浆
聚乙烯棒芯
建筑密封膏

见设计

图 5　伸缩缝做法

（8）粘贴加强网格布

①大阳角、口角加强网格布：大阳角必须增设加强网格布，总宽度 400mm（见图 6 外墙阴阳角做法）。门窗洞口四角处，必须加铺 400mm×200mm 的加强网格布，位置在紧贴直角处沿 45°方向（见图 7 门窗洞口网格布加强图）；加强网格布置于大面网格布的里面。

②首层或有特殊要求处，需做双层网格布加强时，应在做完单层网格布罩面砂浆后，再贴铺一道网格布并罩面，总厚度 5～7mm。

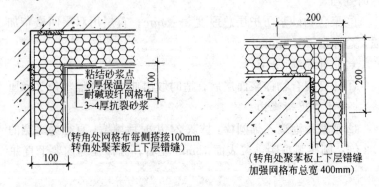

粘结砂浆点
δ厚保温层
耐碱玻纤网格布
3～4厚抗裂砂浆

100

100

（转角处网格布每侧搭接100mm
转角处聚苯板上下层错缝）

200

200

（转角处聚苯板上下层错缝
加强网格布总宽400mm）

图 6　外墙阴阳角做法

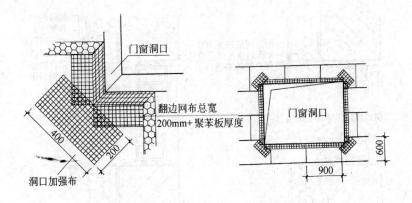

图 7 门窗洞口网格布加强图

（9）装饰线

凹装饰线，在粘贴好的聚苯板面，按设计要求，用墨斗弹出分格线，竖向分格线应用线坠或经纬仪校正。用开槽机制出凹槽，凹槽处保温板厚度不得小于 30mm。

凸装饰线，在结构墙体或已粘贴好的聚苯板面上，粘贴加工好的装饰线条，必要时辅之专用螺栓固定。

装饰线的防护砂浆及网格布做法同上，网格布不断开（见图 8 凹凸装饰线做法示意图）。

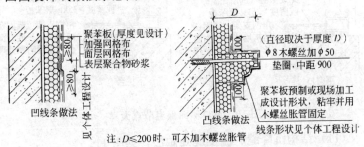

图 8 凹凸装饰线做法示意图

（10）窗口节点大样：窗口侧面不保温，见图 9 窗口侧面；保温，见图 10（含外窗台设安全托架）。

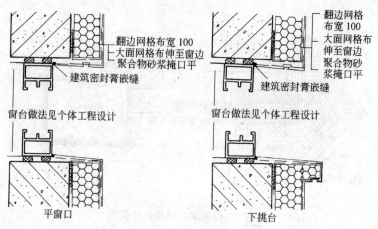

图 9　窗口侧面不保温节点大样

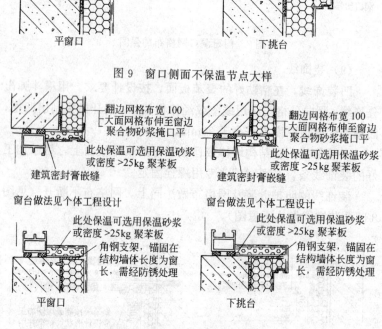

图 10　窗口侧面保温节点大样

（11）结构沉降缝、温度缝处做法，见图 11。

六、质量要求与控制

1. 一般规定

（1）GKP 外墙外保温系统施工前门窗框、阳台栏杆和预埋铁件应安装完毕，并将墙上的施工孔洞堵塞密实。

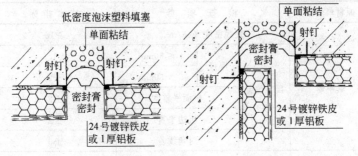

图 11 结构沉降缝、温度缝做法

（2）GKP 外墙外保温系统施工应在聚苯板粘贴完后进行隐检，抹灰完成后进行验收。

（3）各项目检查数量应符合以下要求：以每 500～1000m² 划分为一个检验批，不足 500m² 也应划分为一个检验批；每个检验批每 100m² 应至少抽查一处，每处不得小于 10m²。

2. 主控项目

（1）GKP 外墙外保温系统所用材料，应按设计要求选用，并符合本系统及国家和北京市有关标准的要求。

检验方法：检查产品检测报告，产品合格证书，进场验收记录和施工记录。若有疑问或约定还应对系统和组成材料的某些性能进行复验。需重点检查的项目见表 8。

原材料重点检查项目及指标表　　　　　表 8

原材料名称	检 查 项 目	技术指标
聚合物砂浆 （KE 胶：KE 干混料＝1：4）	与 18kg/m³ 聚苯板拉伸粘结强度（N/mm²）	常温常态 14d ≥0.10
		常温常态 14d，冻融25 次≥0.08
	可操作时间（h）	2±1
	抗裂性（mm）	≥5

原材料名称	检查项目			技术指标
聚苯板		表观密度（kg/m³）		≥18
	尺寸偏差 mm	厚度	≤50mm	±1.5
			>50mm	±2
		板面平整度		±2
		板边平直		±2
		对角线差		±3
网格布	网孔尺寸（mm）			4～6
	单位面积质量（g/m²）			≥160
	耐碱断裂强度保留率（%）			≥80
	耐碱断裂强度保留值 N/50mm			≥1000

（2）GKP 外墙外保温系统施工前基层表面的尘土、污垢、油渍等应清除干净。改建的旧房必须通过实测确定基层墙体的附着力。

检查方法：检查施工记录。

（3）胶粘剂和聚合物砂浆的配合比应符合 GKP 外墙外保温系统的要求。

检验方法：检查施工记录。

（4）每块聚苯板与墙面总粘结面积不得少于 30%，聚苯板与墙面必须粘结牢固，无松动和虚粘现象。需安装锚固件的墙面，锚固件数量和锚固深度应符合设计与 GKP 外墙外保温系统的要求。

检验方法：观察和用手推拉检查。

（5）聚合物砂浆与聚苯板必须粘结牢固，无脱层、空鼓，抹灰面层无爆灰和裂缝等缺陷。

检验方法：观察；用小锤轻击检查；检查施工记录。

3. 一般项目

（1）聚苯板安装应上下错缝，碰头缝不得抹粘结剂。各聚苯板间应挤紧拼严，接缝平整。

检验方法：观察；手摸检查。

（2）聚苯板安装允许偏差和检验方法应符合表9的规定。

聚苯板安装允许偏差和检验方法　　　　表9

项次	项目	允许偏差（mm）	检 查 方 法
1	表面平整	4	用2m靠尺楔形塞尺检查
2	立面垂直	4	用2m垂直检查尺检查
3	阴、阳角垂直	4	用2m托线板检查
4	阳角方正	4	用200mm方尺检查
5	接茬高差	1.5	用直尺和楔形塞尺检查

（3）网格布应压贴密实，不得有空鼓、褶皱、翘曲、外露等现象。搭接长度必须符合规定要求。

检验方法：观察。

（4）抹灰面层应表面洁净，接槎平整。

检验方法：观察；手摸检查。

（5）保温墙面层的允许偏差和检验方法应符合表10的规定。

保温墙面层的允许偏差和检验方法　　　表10

项次	项目	允许偏差（mm）	检 查 方 法
1	表面平整	4	用2m靠尺楔形塞尺检查
2	立面垂直	4	用2m垂直检测尺检查
3	阳角方正	4	用200mm方尺检查
4	伸缩缝（装饰线）直线度	4	拉5m线,不足5m拉通线,用钢直尺检查

（6）保温墙面层的外饰面质量应符合相应的施工及验收规范。

主要工程业绩一览表

序号	工 程 名 称	建设或施工总包单位	建筑面积 （m²）	外保温工程量 （m²）	竣 工 时 间
1	朝阳卧龙小区 223 号楼	北京住总正荣公司	9000	4500	1995 年 10 月
2	朝阳卧龙小区 224 号楼	北京住总正荣公司	9000	4500	1995 年 10 月
3	朝阳卧龙小区 225 号楼	北京住总正荣公司	9000	4500	1995 年 10 月
4	朝阳区西坝河 10 号楼	北京住宅二公司	6000	1500	1997 年 11 月
5	朝阳区西坝河 12 号楼	北京住宅二公司	6000	1500	1997 年 11 月
6	朝阳区西坝河 18 号楼	北京住宅二公司	6000	1500	1997 年 11 月
7	海淀区茂林居 1 号楼	解放军总后干休所	11000	3500	1999 年 6 月
8	海淀区茂林居 5 号楼	解放军总后干休所	11000	3500	1999 年 8 月
9	房山区北潞园 A8 楼	房山建工集团六公司	8000	3700	2000 年 3 月
10	海淀区茂林居 16 号楼	解放军总后干休所	4000	1500	2000 年 4 月
11	石景山卫生局宿舍楼	石景山建筑公司第二分公司	6000	2000	2000 年 8 月
12	朝阳区延静里 9 号楼	恒安物业管理公司	11000	3500	2000 年 9 月
13	青岛浮山后小区	文特尔建筑保温有限公司	8000	2500	2000 年 9 月
14	唐山玉印机械厂宿舍楼	唐山玉田房地产开发公司	8000	2500	2000 年 10 月
15	唐山玉花园二期	唐山玉田房地产开发公司	40000	24000	2001 年 9 月
16	乌鲁木齐世纪花苑	乌市铁路房地产开发总公司	130000	55000	2001 年 10 月
17	朝阳区洼里龙祥花园	中关村建设中谷成公司	41000	22000	2001 年 10 月
18	崇文区金鱼池危改	北京住宅六公司	30000	10000	2002 年 4 月

技术研制开发单位：北京住总集团技术开发中心

地址：北京朝阳区十里堡北里 1 号恒泰大厦乙段

邮编：100025

电话：（010）85810557　85831895　85835969

传真：（010）85832970

电子信箱：techbrcc@sina. com

ZL 胶粉聚苯颗粒外墙外保温技术指南

WW 2002—102

中国建筑业协会建筑节能专业委员会
外墙外保温理事会

一、ZL 胶粉聚苯颗粒外墙外保温技术基本做法

1. 基本构造

ZL 胶粉聚苯颗粒外墙外保温技术，是指采用 ZL 胶粉聚苯颗粒保温浆料、ZL 抗裂水泥砂浆、ZL 耐碱涂塑玻璃纤维网格布、ZL 抗裂柔性耐水腻子、ZL 高分子乳液弹性底层涂料等系统材料在现场成型的新型外墙外保温技术，由功能分明的界面层、保温隔热层、抗裂防护层和饰面层组成，可系统有效地解决保温隔热、抗裂、抗风压、抗震、耐火、憎水、耐候、透汽、施工适应性等问题，是综合优势较多的外墙外保温作法。

其基本构造见表1。构造示意见图 1a、图 1b，图 1c 和图 1d。

ZL 胶粉聚苯颗粒外墙外保温技术基本构造　　表 1

基墙①	ZL 胶粉聚苯颗粒外墙外保温技术基本构造			
	界面层②	保温隔热层③	抗裂保护层④	饰面层⑤
钢筋混凝土、加气混凝土、砌块、烧结砖和非烧结砖等	除新粘土砖墙可用水湿润墙面处理外，其余基层均应涂界面处理剂处理	ZL 胶粉聚苯颗粒保温浆料	ZL 水泥抗裂砂浆压入 ZL 耐碱涂塑玻璃纤维网格布，面层涂 ZL 高分子乳液弹性底层涂料	涂料（平涂饰面基层材料为 ZL 抗裂柔性耐水腻子）、粘贴面砖、干挂石材等

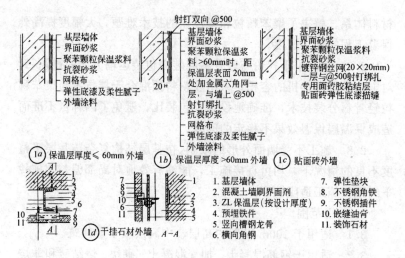

图 1　构造示意图

2. 技术特点

2.1　确立了外墙外保温各构造层"柔韧变形量逐层渐变、逐层释放应力的抗裂技术路线",解决了外保温面层易出现裂缝的关键性技术难题,同时实现了涂料、粘贴面砖等保温饰面层作法的多样化。

2.2　考虑了风荷载、地震、火灾、水或水蒸气以及热应力等五种破坏力对高层建筑外墙外保温层的作用影响,并在材料性能及构造作法上采取了各种安全措施。

2.3　确立了外墙外保温无空腔体系作法,减少了风压特别是负风压对高层建筑保温层的破坏。

2.4　考虑了建筑物的门窗洞口、梁、板、柱等部位的"热桥"问题,并有效地采取保温措施,提高了建筑物外墙、屋面等的保温效果。

2.5　利用粉煤灰、聚苯乙烯废弃物等可再生资源丰富的有利条件,实现了利废再生,资源综合利用,有利于保护环境,经济效益、社会效益俱佳。

2.6　选用了高分子保水材料、发泡材料与粉状粘接材料复合材料体系，解决了聚苯颗粒和易性差的技术难题，大幅度提高外保温工程的施工速度。

2.7 解决了干拌粉与轻骨料混装在包装运输方面的难题，针对国内砂浆搅拌机的容积，采用胶粉料预混合干拌技术与聚苯颗粒轻骨料分装技术，准确地设计了包装比，避免了因称量不准而造成保温层保温效果不稳定的问题。

2.8 施工不受墙面外形的限制，在基层结构复杂与基层平整度不良的情况下，均可直接施工，能够有效地对局部偏差实施找平纠正，施工适应性好。

3. 适用范围

3.1 适用于 100m 以下的高层、中高层和多层建筑。

3.2 适用于钢筋混凝土、加气混凝土、砌块、烧结砖和非烧结砖材料外墙的保温工程。

3.3 适用于各类既有建筑的节能改造工程。

二、主要材料和技术要求

1. 主要材料的性能指标

1.1 水泥

强度等级 42.5 的普通硅酸盐水泥，应符合《硅酸盐水泥、普通硅酸盐水泥》（GB 175—99）的要求。

1.2 中砂

中砂，应符合《普通混凝土用砂质量标准及检验方法》（JGJ 52—92）细度模数的规定，含泥量少于 3%。

1.3 ZL 建筑用界面处理剂

ZL 建筑用界面处理剂应符合 DBJ/T 01—40—98（建筑用界面处理剂应用技术规程）规定的要求。

1.4 ZL 胶粉料

ZL 胶粉料的主要性能指标应满足表 2 要求。

1.5 聚苯颗粒轻骨料

聚苯颗粒轻骨料的主要性能指标应满足表 3 要求。

ZL 胶粉料的性能指标 表 2

项 目	单 位	指 标
初凝时间	h	≥4
终凝时间	h	≤12
安定性	—	合格
拉伸粘结强度，28d	MPa	≥0.6
浸水拉伸粘结强度，7d	MPa	≥0.4

聚苯颗粒轻骨料的性能指标 表 3

项 目	单 位	指 标
松散容重	kg/m³	12～21
粒度	mm	95%通过5mm筛

1.6 ZL 胶粉聚苯颗粒保温浆料

ZL 胶粉聚苯颗粒保温浆料的主要性能指标应满足表 4 要求。

ZL 胶粉聚苯颗粒保温浆料的性能指标 表 4

项 目	单 位	指 标
湿表观密度	kg/m³	350～420
干表观密度	kg/m³	≤230
导热系数	W/ (m·K)	≤0.059
压缩强度	MPa	≥0.25
线性收缩率	%	≤0.3
抗拉强度	MPa	≥0.10
压剪粘接强度	MPa	≥0.05
软化系数	—	≥0.7
难燃性	—	B₁

1.7 ZL 抗裂水泥砂浆

ZL 抗裂水泥砂浆的主要性能指标应满足表 5 要求。

ZL 抗裂水泥砂浆的性能指标   表5

项　　目	单　　位	指　　标
砂浆稠度	mm	80～130
可操作时间	H	2
拉伸粘结强度，28d	MPa	＞0.8
浸水拉伸粘结强度，7d	MPa	＞0.6
渗透压力比	％	≥200
抗弯曲性	—	5％弯曲变形无裂纹

1.8　ZL 耐碱涂塑玻璃纤维网格布

ZL 耐碱涂塑玻璃纤维网格布的主要性能指标应满足表6要求。

ZL 耐碱涂塑玻璃纤维网格布的性能指标   表6

项　　目			单　　位	指　　标
网眼密度	普通型	经向	孔数/100mm	25
		纬向	孔数/100mm	25
	加强型	经向	孔数/100mm	16.7
		纬向	孔数/100mm	16.7
单位面积重量	普通型		g/m²	≥180
	加强型		g/m²	≥500
断裂强力	普通型	经向	N/50mm	≥1250
		纬向	N/50mm	≥1250
	加强型	经向	N/50mm	≥3000
		纬向	N/50mm	≥3000
耐碱强度保持率 28d		经向	％	≥90
		纬向	％	≥90
涂塑量	普通型		g/m²	≥20
	加强型		g/m²	≥20

1.9 ZL 高分子乳液弹性底层涂料

ZL 高分子乳液弹性底层涂料的主要性能指标应满足表 7 要求。

ZL 高分子乳液弹性底层涂料的性能指标 表 7

项　　目		单　　位	指　　标
容器中状态		—	搅拌后无结块，呈均匀状态
施工性		—	刷涂无障碍
干燥时间	表干时间	h	≤4
	实干时间	h	≤8
拉伸强度		MPa	≥1.0
断裂伸长率		%	≥300
低温柔性 绕 ϕ10mm 棒		—	−20℃无裂纹
不透水性 0.3MPa，0.5h		—	不透水
加热伸缩率	伸长	%	≤1.0
	缩短	%	≤1.0

1.10 ZL 抗裂柔性耐水腻子

ZL 抗裂柔性耐水腻子的主要性能指标应满足表 8 要求。

ZL 抗裂柔性耐水腻子的性能指标 表 8

项　　目		单　　位	指　　标
施工性		—	刮涂无困难
干燥时间（表干）		h	<5
打磨性		%	20～80
耐水性 48h		—	无异常
耐碱性 24h		—	无异常
粘结强度	标准状态	MPa	>0.60
	浸水后	MPa	>0.40
低温贮存稳定性		—	−5℃冷冻 4h 无变化，刮涂无困难
柔韧性		—	直径 50mm，无裂纹
稠度		cm	11～13

1.11 ZL 保温墙面砖专用砂浆

ZL 保温墙面砖专用砂浆的主要性能指标应满足表 9 要求。

ZL 保温墙面砖专用砂浆的性能指标 　　表 9

项　　目		单　　位	指　　标
胶液在容器中状态		—	搅拌后均匀，无结块
砂浆稠度		mm	70～110
拉伸胶接强度达到 0.17MPa 时间间隔	晾置时间	min	≥10
	调整时间	min	＞5
拉伸胶接强度		MPa	≥0.90
压折比		—	≤3.0
压缩剪切强度	原强度	MPa	≥1.00
	耐温 7d，强度比	%	≥70
	耐水 7d，强度比	%	≥70
	耐冻融 25 次，强度比	%	≥70
线性收缩率		%	≤0.3

1.12 配套材料

配套材料主要有六角网、镀锌电焊网（俗称四角网）、射钉、专用金属护角、金属分层条等。

六角网为 21#铅丝网，孔边距 25mm×25mm；四角网，为 17#铅丝网；孔边距 20mm×20mm；专用金属护角断面尺寸为 35mm × 35mm × 0.5mm ～ 45mm × 45mm × 0.5mm，高 $h=$ 2000mm；金属分层条断面尺寸为 35mm×45mm×0.5mm，高 $h=$ 2000mm；带尾孔射钉（KD30-25-3558），尾孔穿 22#镀锌锚固双股铅丝。

2. ZL 胶粉聚苯颗粒外墙外保温系统综合性能。

ZL 胶粉聚苯颗粒外墙外保温系统综合性能见表 10。

3. 材料的存运条件。

材料的存运条件见表 11。

ZL 胶粉聚苯颗粒外墙外保温系统综合性能 表 10

项 目	单 位	指 标	备 注
耐冲击性	J	＞20	
耐磨性 500L 铁砂	—	无损坏	
人工老化性 2000	h	合格	
耐冻融性 10	次	无开裂	
难燃性	—	B₁ 级	平均残余变形
抗风压试验：负压 4500	Pa	无裂纹	量：负压：0.56，
正压 5000	Pa	无裂纹	正压：0.11
表面憎水率	%	99	
传热系数	W/（m²·K）	满足 JGJ 26—95《民用建筑节能设计标准（采暖居住建筑部分)》	

材料的存运条件 表 11

材料名称	存运条件
ZL 建筑用界面处理剂	5～30℃，贮存期 6 个月，防晒、防冻，25kg/桶或 200kg/桶，按非危险品运输
ZL 胶粉料	通风干燥条件下贮存 6 个月，防潮、雨，25kg/袋，按非危险品运输
聚苯颗粒轻骨料	200L/袋，应放置阴凉处，严禁烟火，防止曝晒和雨淋，运输时注意防止划损包装，交付时注意与 ZL 胶粉料配套清点
ZL 水泥砂浆抗裂剂	5～30℃，贮存期 6 个月，防晒、防冻，20kg/桶或 170kg/桶，按非危险品运输
ZL 耐碱涂塑玻璃纤维网格布	应立码，不宜平堆，通风干燥条件下贮存期 12 个月，100m/卷，按非危险品运输，运输中防划、折、压、损坏
ZL 高分子乳液弹性底层涂料	5～30℃，贮存期 6 个月，防晒、防冻，17kg/桶，按非危险品运输
ZL 抗裂柔性耐水腻子	5～30℃，贮存期 5 个月，柔性腻子胶 25kg/桶，柔性腻子粉 25kg/桶，胶液防晒，粉料防潮，按非危险品运输
ZL 保温墙面砖专用胶液	5～30℃，贮存期 6 个月，防晒、防冻，25kg/桶或 200kg/桶，按非危险品运输
各类涂料	5～30℃，贮存期 6 个月，应保持通风、干燥、防冻，防止雨淋、曝晒、挤压、碰撞，按非危险品运输

三、设计要求

1. 设计参考标准及图集

1.1 在设计保温层厚度时，应参考《民用建筑节能设计标准》（采暖居住建筑部分）（JGJ 26—95）、《夏热冬冷地区居住建筑节能设计标准》（JGJ 134—2001）和《民用建筑热工设计规范》（GB 50176—93）或按本指南 3.2 保温隔热层厚度选用表选用。

1.2 按本指南"2、主要材料和技术要求"选用本技术配套的保温体系材料及面层材料。

1.3 节点做法选择参考：

1.3.1 华北标办建筑构造通用图集（墙身—外墙保温）（88 J2—X8，2000 版）

1.3.2 《ZL 聚苯颗粒外保温体系构造》图集（冀 01J 202，DBJT 02—28—2001）

1.3.3 《胶粉聚苯颗粒外墙外保温图集》（晋 2001J 101，DBJT 04—11—2001）

1.3.4 《ZL 胶粉聚苯颗粒外墙外保温构造图集》（津 2001J/T 103，DBT/T 29—28—2001）

1.3.5 全国通用建筑产品优选集（2001YJ 114，2001·9·总 176）

1.3.6 《ZL 聚苯颗粒外墙外保温构造》图集（ZL 20—01），山东、新疆等其他省份即将出版的图集等其他技术文件。

2. 保温隔热层厚度选用表

2.1 夏热冬暖地区的保温隔热层厚度选用表另行发布。

2.2 在夏热冬冷地区，应执行《夏热冬冷地区居住建筑节能设计标准》JGJ 134—2001，外墙和屋顶的热工性能应符合该标准表 4.0.8 的规定。当屋顶和外墙的 K 值满足要求，但 D 值不满足要求时，应按照《民用建筑热工设计规范》GB 50176—93 第 5.1.1 条来验算隔热设计要求。

2.3 在寒冷和严寒地区（即采暖地区），应执行《民用建筑节能设计标准（采暖居住建筑部分）》JGJ 26—95，外墙和屋顶的保温性能应符合该标准表 4.2.1 的规定。

2.3.1 体形系数≤0.3 的采暖居住建筑外保温墙体的保温层厚度选用表。见表12。

体形系数≤0.3 的采暖居住建筑外保温墙体的保温层厚度选用表

表 12

采暖期室外平均温度（℃）	代表性城市	墙体类型							窗户类型
		粘土实心砖、炉渣砖		粘土多孔砖		灰砂砖	混凝土砌块	钢筋混凝土	
		240	370	190 DM	240 KPI	240	190	180、200、250	
2.0～1.0	郑州、洛阳、宝鸡、徐州	35 25	30 20	35 30	60 20	40 30	40 30	40 30	
0.9～0.0	西安、拉萨、济南、青岛、安阳	35 25	30 20	35 30	60 20	40 30	40 30	40 30	
−0.1～−1.0	石家庄、德州、晋城天水	45 25	35 25	45 30	40 25	50 30	50 30	55 35	单层塑料窗单框双玻金属窗
−1.1～−2.0	北京、天津、大连、阳泉、平凉	45 30	35 25	45 30	40 25	50 35	50 35	55 40	
−2.1～−3.0	兰州、太原、唐山、阿坝、喀什	50 35	40 25	50 30	45 30	55 40	55 40	60 45	
−3.1～−4.0	西宁、银川、丹东	70	60	70	65	75	75	80	单框双玻金属窗
−4.1～−5.0	张家口、鞍山、酒泉、伊宁、吐鲁番	60	50	65	60	65	65	70	单框双玻金属窗或双层金属窗
−5.1～−6.0	沈阳、大同、本溪	70	60	70	65	75	75	80	

采暖期室外平均温度（℃）	代表性城市	墙体类型							窗户类型
		粘土实心砖、炉渣砖		粘土多孔砖		灰砂砖	混凝土砌块	钢筋混凝土	
		240	370	190 DM	240 KPI	240	190	180、200、250	
−6.1～−8.0	呼和浩特、抚顺、延吉、通辽、四平	75	60	75	70	80	80	85	单框双玻金属窗或双层金属窗
−8.1～−9.0	长春、乌鲁木齐	90	80	85	80	95	95	100	
−9.1～−11.0	哈尔滨、牡丹江、佳木斯、安达、齐齐哈尔	100	90	95	90				
−11.1～−14.5	海伦、博克图、伊春、海拉尔、满洲里	100	90	95	90				三玻窗

2.3.2 体形系数＞0.3 的采暖居住建筑外保温墙体的保温层厚度选用表。见表 13。

体形系数＞0.3 的采暖居住建筑外保温墙体的保温层厚度选用表

表 13

采暖期室外平均温度（℃）	代表性城市	墙体类型							窗户类型
		粘土实心砖、炉渣砖		粘土多孔砖		灰砂砖	混凝土砌块	钢筋混凝土	
		240	370	190 DM	240 KPI	240	190	180、200、250	
2.0～1.0	郑州、洛阳、宝鸡、徐州	55 35	45 30	55 35	50 30	60 40	60 40	65 45	单层塑料窗单框双玻金属窗

采暖期室外平均温度（℃）	代表性城市	墙体类型							窗户类型
		粘土实心砖、炉渣砖		粘土多孔砖		灰砂砖	混凝土砌块	钢筋混凝土	
		240	370	190 DM	240 KPI	240	190	180、200、250	
0.9~0.0	西安、拉萨、济南、青岛、安阳	65 40	60 25	65 35	60 30	70 45	70 45	75 50	
-0.1~-1.0	石家庄、德州、晋城天水	80 50	70 40	80 50	75 45	85 55	85 55	90 60	单层塑料窗单框双玻金属窗
-1.1~-2.0	北京、天津、大连、阳泉、平凉	90 50	80 45	90 50	85 45	95 55	95 55	100 65	
-2.1~-3.0	兰州、太原、唐山、阿坝、喀什	80 55	70 50	80 55	75 50	85 60	85 60	90 70	
-3.1~-4.0	西宁、银川、丹东	75	65	75	70	80	80	80	单框双玻金属窗
-4.1~-5.0	张家口、鞍山、酒泉、伊宁、吐鲁番	80	70	80	75	85	85	90	
-5.1~-6.0	沈阳、大同、本溪	90	80	90	85	95	95	100	
-6.1~-8.0	呼和浩特、抚顺、延吉、通辽、四平	100	90	100	95	100	100		单框双玻金属窗或双层金属窗
-8.1~-9.0	长春、乌鲁木齐								
-9.1~-11.0	哈尔滨、牡丹江、佳木斯、安达、齐齐哈尔								
-11.1~-14.5	海伦、博克图、伊春、海拉尔、满洲里								三玻窗

3. 单位保温面积耗材指标。见表 14。

单位保温面积耗材指标　　　　　表 14

材料名称	单方耗量	备 注
ZL 建筑用界面处理剂	0.5kg	涂 2mm 厚
ZL 胶粉聚苯颗粒保温浆料	0.04m³	保温层 40mm
ZL 水泥砂浆抗裂剂	1～1.3kg	
ZL 耐碱涂塑玻纤网格布	1.1m²	
ZL 耐碱涂塑玻纤网格布（加强型）	1.05m²	
ZL 高分子乳液弹性底层涂料	0.15kg	
ZL 抗裂柔性耐水腻子	1～1.5kg	
ZL 保温墙面砖专用胶液	3～3.5kg	平整基层粘贴 5～6mm
ZL 粉状浮雕涂料	2kg	
ZL 柔性浮雕涂料	2kg	
ZL 晴雨高光外墙乳胶漆	0.4kg	
ZL 硅丙乳液外墙涂料	0.4kg	
ZL 硅丙树脂高光外墙涂料	0.4kg	
ZL 反射太阳能涂料	0.4kg	

四、施工

1. 施工条件

1.1 外墙面的垂直度应符合现行国家施工及验收规范要求；

1.2 外墙面上的雨水管卡、预埋铁件、设备穿墙管道等应提前安装完毕，并预留外保温厚度；

1.3 施工用脚手架的搭设应牢固，必须经安装检验合格后，方可施工。横竖杆与墙面、墙角的间距需适度，且应满足保温层厚度和施工操作要求；

1.4 预制混凝土外墙板连接缝应提前做好处理；

1.5 采用先塞口施工时，还应做到外檐门窗安装完毕，并经有关部门检查验收，门窗边框与墙体连接应预留出保温层的厚度，缝隙应分层填塞密实，并做好门窗框表面的保护。

1.6 主体施工时遗留在墙上的施工孔洞、废钢筋等应提前处理完毕。

1.7 作业时环境温度不应低于 5℃，风力不应大于 5 级，风速不宜大于 10m/s。严禁雨天施工，雨期施工应做好防雨措施。

2. 施工机具与工具

2.1 吊篮或装修用爬升脚手架安装完毕，经调试运行安全无误、可靠，满足施工作业要求，并配备专职安全检查和维修人员。

2.2 常用机具：强制式砂浆搅拌机、垂直运输机械，水平运输手推车、手提搅拌器、射钉枪等。

2.3 常用抹灰工具及抹灰的专用检测工具：经纬仪及放线工具、水桶、剪子、滚刷、铁锹、扫帚、手锤、錾子、壁纸刀、托线板、方尺、靠尺、塞尺、探针、钢尺等。

3. 材料配制

3.1 ZL 界面处理砂浆的配制

强度等级为 42.5 水泥：中砂：ZL 界面处理剂按 1：1：1 重量比，搅拌成均匀浆状。

3.2 ZL 胶粉聚苯颗粒保温浆料的配制

先将 36～40kg 水倒入砂浆搅拌机内（视具体情况可酌调水量），然后倒入一袋 25kg 胶粉料搅拌 3～5min 后，再倒入一袋 200L 聚苯颗粒轻骨料继续搅拌 4min，搅拌均匀后倒出。该材料应随搅随用，在 4h 内用完。

3.3 ZL 抗裂水泥砂浆的配制

强度等级为 42.5 水泥：中砂：ZL 水泥砂浆抗裂剂按 1：3：1 重量比用砂浆搅拌机或手提搅拌器搅拌均匀。配制抗裂砂浆加料次序，应先加入抗裂剂、中砂，搅拌均匀后，再加入水泥继续搅拌 3min 倒出。抗裂砂浆不得任意加水，应在 2h 内用完。

3.4 ZL 抗裂柔性耐水腻子的配制

柔性腻子胶：柔性腻子粉按 1：2 的重量比，搅拌成均匀浆状。

4. 施工准备

4.1 搭设搅拌棚。所有材料应在搅拌棚内机械搅拌，以防止聚苯颗粒等飞散，影响现场文明施工。搅拌棚的搭设地点应选择背风向，远离砂石料场，处于砂石料场的下风向，并靠近垂直运输机械，地面应平整坚实；搅拌棚应有顶棚，且三侧封闭，一侧作为进出料通道。

4.2 应积极采取措施保护好聚苯颗粒等现场材料，防止包装破坏、曝晒和雨淋。

4.3 对在楼及搅拌棚周围露天存放的砂石料，应用苦布覆盖。

4.4 对门框在手推车的高度内部分，应用铁皮包裹，以防止门框破坏。

4.5 窗框下框处应有扣板保护，扣板可用 1cm 厚木板钉成"Ⅱ"形状，扣板的顶板宜比框高 2cm 左右。

5. 工艺流程

5.1 保温层厚度≤60mm、饰面为涂料作法的工艺流程（见图 2）

5.2 保温层厚度＞60mm 且建筑物高度≥30m，饰面为涂料作法的工艺流程（见图 3）

5.3 饰面为粘贴面砖作法的工艺流程（见图 4）

6. 施工要点

6.1 基层墙面处理

6.1.1 墙面应清理干净，无油渍、浮尘等；

6.1.2 旧墙面松动、风化部分应剔除干净；

6.1.3 墙表面凸起部分≥10mm 应铲平。

6.2 界面拉毛

界面拉毛可用碌子滚、笤帚拉或木抹子拨，但在配合比上应做调整。控制水泥与砂子的比为 1：1，合理调整界面剂用量。拉毛不宜太厚，但必须保证所有的混凝土墙面都做到毛面处理。

6.3 吊垂直、套方、弹厚度控制线、做灰饼

6.3.1 在顶部墙面固定膨胀螺栓，作为挂线铁丝的垂挂点；

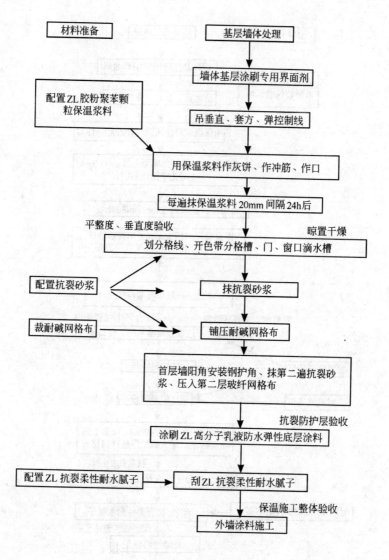

图 2　工艺流程图（涂料作法）

6.3.2　根据室内三零线向室外返出外保温层抹灰厚度控制点，而后固定垂直控制线两端；

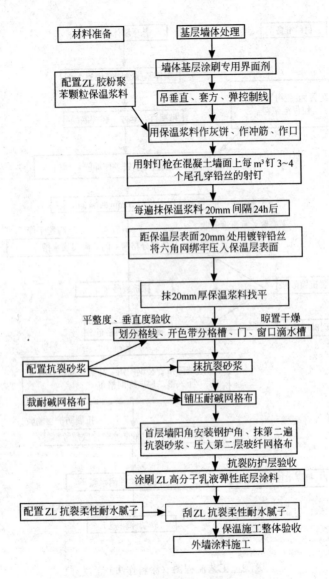

材料准备　　　　　基层墙体处理

墙体基层涂刷专用界面剂

配置ZL胶粉聚苯颗粒保温浆料

吊垂直、套方、弹控制线

用保温浆料作灰饼、作冲筋、作口

用射钉枪在混凝土墙面上每 m³ 钉 3~4 个尾孔穿铅丝的射钉

每遍抹保温浆料 20mm 间隔 24h 后

距保温层表面 20mm 处用镀锌铅丝将六角网绑牢压入保温层表面

抹 20mm 厚保温浆料找平

平整度、垂直度验收　　　　晾置干燥

划分格线、开色带分格槽、门、窗口滴水槽

配置抗裂砂浆　　　　抹抗裂砂浆

裁耐碱网格布　　　　铺压耐碱网格布

首层墙阳角安装钢护角、抹第二遍抗裂砂浆、压入第二层玻纤网格布

抗裂防护层验收

涂刷 ZL 高分子乳液弹性底层涂料

配置 ZL 抗裂柔性耐水腻子　　　刮 ZL 抗裂柔性耐水腻子

保温施工整体验收

外墙涂料施工

图 3　工艺流程图（涂料作法）

76

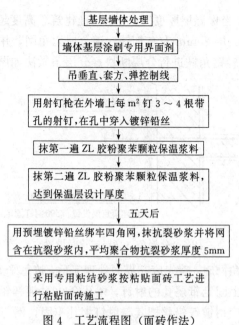

图 4　工艺流程图（面砖作法）

6.3.3　复测每层三零线到垂直控制通线的距离是否一致，偏差超过 20mm 的，查明原因后做出墙面找平层厚度调整；

6.3.4　根据垂直控制通线做垂直方向灰饼，再根据两垂直方向灰饼之间的通线，做墙面保温层厚度灰饼，每灰饼之间的距离（横、竖、斜向）不宜超过 2m。

6.3.5　测量灰饼厚度，并做记录，计算出超厚面积工程量。

6.3.6　采用 ZL 胶粉聚苯颗粒保温浆料做充筋灰饼；也可使用废聚苯板，裁成 5cm×5cm 粘贴，但应采用水泥或其他干缩变形量小的粘结材料粘结。

6.4　保温层施工

6.4.1　ZL 胶粉聚苯颗粒保温浆料每次抹灰厚度最适宜一般在 20mm，但各层也略有差异。在打底层时，一般为 15mm。中间层抹灰时，其平整度要求达到初步找平的标准，抹灰厚度宜 20mm 左右。

6.4.2 当保温层厚度＞60mm，且建筑总高度超过 30m 时，应在距保温面层 20mm 左右加铺一道金属六角网，并于每层楼板处加钉 L 型轻钢角铁进行分层断块。分层条做法如图 5 所示。

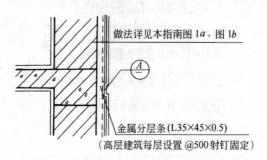

做法详见本指南图 1a、图 1b

A

金属分层条(L35×45×0.5)
（高层建筑每层设置 @500射钉固定）

图 5 分层条（高层建筑时设置）

加铺六角网时，首先应在界面处理完后，按每平方米 3～4 枚的密度在墙上固定带尾孔的射钉，尾孔穿 22＃镀锌铅丝；六角网在铺贴时，应用镀锌铅丝把其与射钉绑扎牢固，网与网之间搭接不应小于 50mm。

6.4.3 当面层设计为粘贴面砖时，保温抹灰前也应按每平方米 3～4 枚的密度用射钉枪在墙上固定射钉，且在射钉的端部预先绑好 22 号镀锌铅丝，当保温施工完后，用预留的铅丝绑扎牢固四角网，网与网之间搭接不应小于 40mm。绑好经检查无误后，再在其上抹抗裂砂浆，并将四角网含在抗裂砂浆内，抗裂砂浆厚度约为 5mm。面砖粘贴时必须采用 ZL 保温墙面砖专用粘结砂浆，粘结砂浆的配比为 ZL 保温墙面砖专用胶液：中砂：水泥＝0.8：1：1。

6.4.4 在 ZL 胶粉聚苯颗粒保温层上干挂石材，应在结构层上先预埋轻钢隐框，然后进行保温层施工。也可以先进行保温层施工，然后往结构墙上打眼，安装挂件，进行干挂石材施工。

6.4.5 保温层最后一遍抹灰时，其平整度偏差不应大于±4mm，厚度以 8～10mm 为宜。整体抹灰厚度应略高于灰饼的厚度，而后用杠尺刮平，用抹子局部修补平整，用托线尺检测后达到验收标准。

6.4.6　保温层固化干燥后（用手按不动表面为宜，一般约5～7d)方可进行抗裂保护层施工。

6.4.7　保温层施工的注意事项

a. 在保温层施工前，应清理干净楼房周围，以利于落地灰的回收，落地灰应在 4h 内重新搅拌使用。

b. 需设专人专职进行保温浆料及抗裂砂浆的搅拌，以保证搅拌时间和加水量的准确。

c. 窗户经验收合格后方可进行保温抹灰施工。

d. 如按照设计要求及建筑物立面效果图，设计有色带，可按如下方法施工：

按照设计要求及建筑物立面效果图，弹出色带位置的控制线及色带宽度（色带间距可分层设置或隔层设置，一般分层设置约为 50～120mm，隔层设置约为 200mm）。根据色带控制线用壁纸刀及专用工具开出色带凹槽，深度一般为 10～15mm，要求阳阴角方正，凹槽平整。在抹抗裂砂浆时，色带与平面抹灰同时进行，网布搭接应搭接在色带中部，上压下搭接尺寸≥50mm。色带抹灰要用专用工具，做到阴阳角方正、色带平直，美观大方。做法如图6 所示。

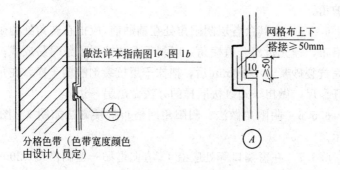

图 6　分隔带

e. 在保温施工完成后，根据设计要求弹出滴水槽控制线，用

壁纸刀沿线划开设定的凹槽，槽深15mm左右，用抗裂砂浆填满凹槽，将滴水槽嵌入凹槽与抗裂砂浆粘结牢固，收去两侧沿口浮浆，滴水槽应镶嵌牢固、水平。

6.5 抗裂层施工

6.5.1 耐碱网格布按楼层间竖向尺寸事先裁好，网格布包边应剪掉。

6.5.2 抹抗裂砂浆时，厚度应控制在3～4mm，抹完一定宽度应立即用铁抹子压入耐碱网格布。网布之间搭接宽度不应小于50mm，先压入一侧，再抹一些抗裂砂浆再压入另一侧，严禁干搭。阴角处耐碱网格布要压茬搭接，其宽度≥50mm；阳角处也应压茬搭接，其宽度≥200mm。网布铺贴要平整，无褶皱，砂浆饱满度达到100%，同时要抹平、找直，保持阴阳角处的方正和垂直度。

6.5.3 首层墙面应铺贴双层耐碱网格布，第一层应铺贴加强型网格布，铺贴方法与上述方法相同，铺贴加强型网格布时，网布与网布之间采用对接方法，然后进行第二层普通网格布铺贴，铺贴方法如前所述，两层网格布之间抗裂砂浆应饱满，严禁干贴。

6.5.4 建筑物首层外保温应在阳角处双层网格布之间设专用金属护角，护角高度一般为2m。在第一层网格布铺贴好后，应放好金属护角，用抹子拍压出抗裂砂浆，抹第二遍抗裂砂浆包裹住护角。

6.5.5 在其余各层阴阳角处在铺贴前，应把在转角处的耐碱网格布，预先折出一道棱角，以利于在抹抗裂砂浆时易成线；在抹完抗裂砂浆20～30min后，把抹子用抗裂剂洗刷干净，在角处夹好靠尺，做出一边，按同样的办法做出另一边。

6.5.6 阴阳角做法、阴阳角网格布搭接方法如图7～图10所示。

6.5.7 在窗洞口等处应沿45°方向增贴一道网格布（200mm×300mm）。

6.5.8 抗裂砂浆抹完后，严禁在此面层上抹普通水泥砂浆腰线、口套线等。

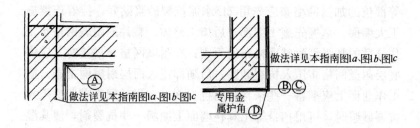

图 7　外墙阴角　　　　　图 8　外墙阳角

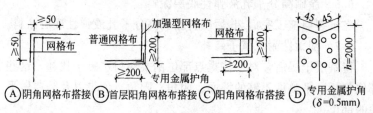

Ⓐ阴角网格布搭接 Ⓑ首层阳角网格布搭接 Ⓒ阳角网格布搭接 Ⓓ专用金属护角（δ＝0.5mm）

图 9　网格布搭接

6.5.9　抗裂层施工注意事项

a. 在抗裂层施工前，应在窗框与保温层之间放一预制长条薄板，其尺寸为厚 3mm、宽 5mm，待抗裂层施工完后取出，留做窗户注胶用。

b. 对于一些在抗裂层施工时未处理好的孔洞，应在其周边留出 30mm 左右宽的位置，不抹水泥抗裂砂浆，耐碱网格布沿对角线裁开，

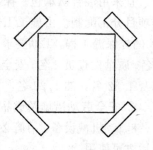

图 10　增贴网格布示意图

形成四个三角片。在修补孔洞时，用保温砂浆填平孔洞，使孔洞周围 200mm 见方的保温略低于其他保温 3～5mm。保温层干燥后，抹抗裂砂浆，并将原预留耐碱网格布压入水泥抗裂砂浆中，在孔洞周围另加贴一 200mm 见方的耐碱网格布压平。

c. 抗裂层的平整度控制首先要求保温层的平整度达到标准，达不到平整质量标准要求应事先用保温浆料找平；窗角、阴阳角

等部位的加强网格布应先用 ZL 水泥抗裂砂浆贴好，接着连续施工大墙面，掌握先施工细部，后施工整体，整片的耐碱网格布压住分散的加强型耐碱网格布的原则；在耐碱网格布搭接时，应将底层耐碱网格布压入抗裂砂浆，后随即压入面层耐碱网格布。施工作业面上应准备一些未拌和的抗裂剂，在耐碱网格布无法压入抗裂砂浆时，可用扫帚等工具在墙面上抛洒一些抗裂剂，使其湿润，并使抗裂砂浆不粘抹子，随抛随抹。

6.6 涂刷高分子乳液弹性底层涂料

在抗裂层施工完后 2h 后即可涂刷高分子乳液弹性底层涂料。

6.7 刮柔性耐水腻子修补

待基层干燥后，对一些重点部位刮柔性耐水腻子找补，这些部位包括：平整度不够的墙面、阴角、阳角、色带以及需要做平涂的部位。

7. 劳动组织

宜采用混合队承包。抹灰工、油工、机械操作工、力工按工作项目分工配制。由施工工长统一调度。一栋外保温面积为 1 万 m² 的外保温工程，工期要求 40 天完成，需配备工长 1 名，技术员 1 名，质量检查员 2 名，安全员 1 名，机械维修工 2 名，电工 1 名，抹灰工 32 名，油工 22 名，力工 12 名共计 74 人。

8. 安全劳动措施及成品保护

8.1 机械设备、吊篮必须由专人操作，经检验确认无安全隐患后方可使用。

8.2 操作人员必须遵守高空作业安全规定，系好安全带，不许往下掉东西。

8.3 进场前，必须进行安全培训，注意防火，现场不许吸烟、喝酒。

8.4 遵守施工现场制定的一切安全制度。

8.5 施工完的墙面、色带、滴水槽、门窗口等处残存砂浆，应及时清理干净。

8.6 翻拆架子或升降吊篮应防止碰撞已完成的保温墙体，其他工种作业时不得污染或损坏墙面，严禁踩踏窗口。

8.7 保温层、抗裂防护层、装饰层在干燥前应防止水冲、撞击、振动。

五、质量要求

1. 现场材料的复检要求

1.1 材料的合格证、检测报告是否齐全，是否与所送材料相配套；

1.2 抽检材料的单位重量、体积，与合格证的标识量比较，是否在合理误差范围内；

1.3 检查包装有无破损。

1.4 检查材料是否在有效期内。

2. 施工检测控制点

2.1 基层墙面处理。要求墙面清洗干净，无浮土，无油渍、空鼓及松动，风化部分剔掉，界面拉毛均匀，粘接牢靠。

2.2 ZL胶粉聚苯颗粒浆料每遍的厚度控制（不大于20mm）与平整度控制。要求达到设计厚度，无空鼓、无开裂、无脱落，墙面平整，阴阳角、门窗洞口垂直、方正。

2.3 抗裂砂浆的厚度与网格布搭接控制。抗裂层厚度为3～5mm，网布无明显接茬、无明显抹痕，网布无漏贴、露网现象，墙面平整，门窗洞口、阴阳角垂直、方正。

3. 质量验收标准

3.1 主控项目

3.1.1 所用材料品种、质量、性能符合设计与现行国家标准的要求；

3.1.2 保温层与墙体以及各构造层之间必须粘结牢固，无脱层、空鼓、裂缝，面层无粉化、起层、爆灰等现象。

3.2 一般项目

3.2.1 表面平整、洁净，接茬平整，无明显抹痕，线脚、分格线顺直、清晰。

3.2.2 墙面所有门窗口、孔洞、槽盒位置和尺寸正确，表面整齐、管道后面抹灰平整。

3.2.3 分格条（缝）宽度与深度均匀一致，条（缝）平整光洁，棱角整齐，横平竖直，通顺，滴水线（槽）、流水坡向正确，线（槽）顺直。

3.3 允许偏差项目及检验方法

3.3.1 允许偏差项目及检验方法。见表15

允许偏差项目及检验方法　　　　　　表 15

项　次	项　目	允许偏差（mm）	检验方法
1	立面垂直	4	用2m靠尺及塞尺检查
2	表面平整	4	用2m靠尺及塞尺检查
3	阴阳角垂直	4	用2m靠尺及塞尺检查
4	阴阳角方正	4	用2m靠尺及塞尺检查
5	保温层厚度	不允许有负偏差	用探针、钢尺检查

3.3.2 质量评定应执行《建筑装饰装修工程质量验收规范》（GB 50210—2001）的"一般抹灰工程"的规定。

附录1

ZL胶粉聚苯颗粒保温材料及外墙
保温成套技术构成和应用情况

ZL胶粉聚苯颗粒保温材料及外墙保温成套技术是北京振利高新技术公司的专利技术，已获国家专利号有：ZL98 207104.3、ZL98 207105.1、ZL98 103325.3、ZL00 123456.0、ZL00 245342.8、ZL01 201103.7、ZL01 279693.x。包括十项新型外墙屋面保温技术：

1. ZL胶粉聚苯颗粒外墙外保温技术。

2. ZL外饰面粘贴面砖外保温技术。

3. ZL现浇混凝土复合无网聚苯板聚苯颗粒外墙外保温技术。

4. ZL现浇混凝土复合有网聚苯板聚苯颗粒外墙外保温技术。

5. ZL岩棉聚苯颗粒外墙外保温技术。

6. ZL现浇混凝土复合岩棉聚苯颗粒外墙外保温技术。

7. ZL胶粉聚苯颗粒外墙内保温技术（聚苯颗粒保温浆料抗裂砂浆复合耐碱网格布作法）。

8. ZL胶粉聚苯颗粒外墙内保温技术（聚苯颗粒保温浆料抗裂石膏作法）。

9. ZL胶粉聚苯颗粒屋面保温技术。

10. ZL胶粉聚苯颗粒顶棚保温技术。

截止到2001年年底，ZL胶粉聚苯颗粒保温材料及外墙保温成套技术已在北京、天津、河北、山东、山西、南京、大连、杭州、新疆、宁夏、齐齐哈尔等地区和城市300多个工程进行了正式使用，面积达300多万 m^2，其中在外墙外保温工程中应用了200多万 m^2；同时自过渡地区新的建筑节能规定公布以来，在夏热冬冷地区的工程试点面积正在不断扩大。目前本成套技术内、外保温工法均被批准为国家级工法，正在或已经编制地方标准或图集的省市地区有北京、天津、河北、山西、山东、新疆、上海、四川、湖北、华北标办等。在上述已完成的推广工程中，采用 ZL 胶粉聚苯颗粒保温材料及外墙保温成套技术，工程质量良好，热工性能达标，无任何用户出现投诉开裂问题，取得了很好的经济效益和社会效益。

附录 2

ZL 胶粉聚苯颗粒外墙外保温
技术工程业绩一览表

表 17

序号	工程名称	建设或施工总包单位	建筑面积 m²	外保温工程量	竣工时间
1	万柳园住宅楼	益丰建筑工程公司	4000	2000	1998.12
2	中国现代文学馆	保信建筑公司	23000	10000	1999.5
3	人民日报社住宅楼	新兴开发公司	6000	3000	1999.9
4	总参二部住宅楼	总参二部营建办	10000	5000	1999.10
5	丽源小区	北京六建	20000	10000	1999.10
6	方庄武警住宅楼	田华公司	8000	4000	1999.11
7	国家新药监测中心	中建一局四公司	8000	4000	2000.6
8	富卓苑小区	河北建筑公司	100000	60000	2000.6
9	天津云琅新居	天津一建公司	42000	20000	2000.9
10	总参气象局住宅楼	北京雅筑第七分公司	21500	10000	2000.10
11	冠雅园小区	建工五建	50000	30000	2000.10
12	天津新春花苑	天津二建三分公司	14000	7000	2000.10
13	自动化研究宿舍楼	自动化研究所	39000	18000	2000.11
14	长安金泰丽舍公寓	北京建雄建筑公司	28400	14000	2000.12
15	山西太原双塔东街小区	中铁十二局建安处	12800	6400	2001.1
16	武警总部干部别墅楼	武警建筑公司	20000	10000	2001.4
17	三〇九医院住宅楼	光大建筑公司	10000	5000	2001.4
18	沧州空军后勤住宅楼	沧州一建	4000	1000	2001.5
19	天津师范大学住宅楼	天津一建五公司	28000	10000	2001.6
20	山东临沂桃源大厦	山东天元建筑公司	36000	18000	2001.6

序号	工程名称	建设或施工总包单位	建筑面积 m²	外保温工程量	竣工时间
21	天津南开大学住宅楼	天津一建八公司	52000	23000	2001.7
22	靛厂新村住宅楼	中国对外华夏公司	9000	4000	2001.7
23	天津万科新城西区	河北四建	5000	2370	2001.7
24	清芷园二期工程	中建一局五公司	45000	2000	2001.8
25	秦皇岛耀华新村住宅楼	耀华建筑公司	10000	2000	2001.8
26	大同柳航幼儿园		5000	2480	2001.9
27	时代庄园	太合日盛	6000	3000	2001.9
28	山西省日报社	山西省四建	7000	3400	2001.9
29	山西省长线局	五泰建筑公司	13000	6500	2001.9
30	总参北斗工程	中国四海建筑公司	3000	2000	2001.10
31	密云明珠花园	山东济宁建筑公司	15000	8000	2001.10
32	三〇一医院住宅楼	新兴建设开发公司	10000	2000	2001.10
33	天津金钟公寓	南开房建	60000	20000	2001.10
34	天津金厦新都花园	天津一建八分公司	56000	30000	2001.11
35	香山军科院老干部住宅楼	新兴建设开发公司	50000	20000	2001.11
36	山西省邮电管理局宿舍楼	山西省四建公司	15000	7300	2001.12
37	天津兴云里小区	河北房建	27000	13000	2001.12
38	新世界花园	天津三建一分公司	20000	6000	2001.12
39	天津药业大厦	天津三建一分公司	15000	2000	2001.12
40	秦皇岛玉峰里住宅楼	秦皇岛城市建设房地产开发总公司	15000	5000	2001.12
41	新疆三星园小区	新疆三星房地产开发有限责任公司	4000	1614	2001.12
42	福岭小区	青岛中房股份有限公司	60000	15000	2001.12
43	山西省卫生厅交流中心	五泰建筑公司	2400	1200	2001.12

序号	工程名称	建设或施工总包单位	建筑面积 m²	外保温工程量	竣工时间
44	杭州古荡北区住宅楼	浙江省樟塘建筑公司	7000	2500	2002.4
45	济南汇统花园	济南建工集团	300000	150000	在建
46	山西电信局宿舍楼	山西省十三冶建设总公司	13000	6900	在建
47	天津海达明圆	天津市津协建筑工程公司	24000	10000	在建
48	悦海豪庭	山东鲁邦房地产开发公司	58000	30000	在建
49	天津中豪世纪园	天津一建八局	20000	7000	在建
50	太原卷烟厂	山西宏图建筑公司	24000	13000	在建
51	嘉铭桐城	江苏泰兴建筑装饰公司	140000	50000	在建
52	银科名苑	城建五公司	80000	30000	在建

技术研制开发单位：北京振利高新技术公司

地址：北京市丰台区西局西街乙88号

邮政编码：100073

联系人：郑金丽

联系电话：010—63815391,63821700,63868761

传真：010—63826971

网站：www.zhenli.com.cn

电子信箱：huangzhenli@yeah.net

聚氨酯外墙外保温技术

张维秀　　刘东栓　　张　波　　张可曜　　官伟

【摘要】　本文介绍了吉林等地采用的聚氨酯硬质泡沫塑料做建筑物外墙外保温技术，介绍了其材料的性能特点、节点做法和抹面砂浆抗裂措施，以及其经济合理性。

关键词：聚氨酯　外墙　外保温

一、前言

目前较流行的几种外墙外保温形式中，大致有"抹、挂、贴"三种形式。"抹"即抹保温砂浆。如保温层厚度较大，要分几层抹。"挂"是将保温板采用机械锚固方式用钢筋、胀锚螺栓等配件与墙体连接；"贴"是用胶结材料将保温板粘贴在墙上。这些做法的共同弊端是隐蔽工程多，施工质量不易保证。

自 1987 年以来，中石公司东北分公司在解决既有楼房节能改造、改善热环境方面，一直采用聚氨酯现场外喷涂技术，取得了较好的经济效益和社会效益。技术方面也逐步成熟和完善，并于 2002 年 1 月 23 日通过吉林省建设厅组织的科技成果鉴定。本文对这项工作进行简单的总结和介绍。

二、聚氨酯泡沫材料的特点

硬质聚氨酯泡沫塑料具有轻质高密、导热系数小、粘着力强、防水、耐老化、施工方便等优点。经有关权威部门对我们施工中所采用的聚氨酯原料检测，有关技术性能参数见表 1。

硬质聚氨酯泡沫塑料技术性能表　　　　表1

序号	项目	单位	指　　　标	检测结果
1	密度	kg/m³	≥30	36.40
2	导热系数	W/(m·K)	≤0.22	0.019
3	吸水率	(V/V)%	≤3	1.5
4	抗压强度	MPa	≥0.15	0.204
5	抗拉粘结强度	MPa	≥0.2	>0.28
6	抗剪粘结强度	MPa	≥0.1	>0.15
7	尺寸稳定性	%	≤0.5	0.9
8	抗冻融性能		−25℃，冻3h，+20℃融3h，经过30次冻融，聚氨酯与水泥界面	不破坏
9	燃烧性	s	平均燃烧时间≤90	21
		mm	平均燃烧范围≤50	27
10	氧指数	%	≤30	28
11	火焰扩散指数		≤25	25
12	烟密度指数		≤450	180

1. 具有绝佳的保温隔热性能

当聚氨酯硬泡密度为35～40kg/m³时，其对应的导热系数为0.018～0.023W/(m·K)，是一种理想的保温隔热材料。而我公司采用的聚氨酯原料经检测导热系数为0.019W/(m·K)，保温隔热性能更为优越。

2. 整体封闭性好

现场直接喷涂到基层墙面上，无拼接缝隙，彻底弥补了"粘"、"挂"拼接方式出现的缺陷。同时兼有显著的防水功能。

3. 具有足够的强度

当聚氨酯硬泡密度为30～40kg/m³时，其抗压强度为0.24～0.27MPa，抗拉强度为0.34～0.48MPa，抗剪强度为0.18～0.26MPa。可见，聚氨酯泡沫塑料具有墙体保温所需要的足够的强度。

4. 杰出的粘结性能

对混凝土、砖、钢板等基层材料都能牢固粘结，其粘结力大于其自身的强度。试验中可见，破坏面均发生在聚氨酯保温层中，而非界面处。

5. 具有良好的耐老化性能

作为建筑物的保温层，使用温度在－40℃到＋55℃之间。在这种温度下，聚氨酯老化时间大于 25 年；不老化，粘结力就不会损失。我们在－25℃冻 3h，＋20℃融 3h，经过 30 次试验，聚氨酯本身及其与水泥砂浆界面均不破坏。

6. 理想的阻火性能

遇到明火，只形成坚固的抗点燃孔状烧焦物，可阻止火焰的蔓延，保护内部不燃烧。在原液中加入适量的阻燃剂后，硬泡密度为 40kg/m³ 左右时，氧指数小于 30％，不易燃烧。

7. 具有良好的化学稳定性和抗生化降解性

它不受无机酸、油类、有机溶剂等的影响。

自 1987 年以来，我公司逐年用这种保温方法进行旧楼保温改造。最早做的试验楼已经历了 15 年的考验，聚氨酯泡沫塑料与基层墙体、聚氨酯泡沫塑料与水泥砂浆保护层之间均未出现空鼓和脱落现象。保温层从外形、颜色、松软度等方面均没有变化，保持了 15 年前刚喷涂到墙面时的状况。这就从实践上充分证明了聚氨酯各方面的性能优势。

三、节点作法

为提高聚氨酯外墙外保温技术水平，使聚氨酯节能墙体的设计、施工做到技术先进，经济合理，我们编制了节点图集。该图集适用于以粘土砖墙、混凝土墙板及各类轻砌块为基层墙体，以硬质聚氨酯泡料塑料为保温层，以 $\phi@100 \times 100$ 钢丝网为拉结层，以水泥砂浆为保护层的建筑墙体的设计、施工、验收及旧房改造。其基本构造见图 1，钢丝网与基层墙体用 $\phi 4@500 \times 500$ 螺丝钉拉结。同时，对转角及基础边缘等特殊部位进行了加固处理，加固钢丝网为 $\phi 1.6@25 \times 25$。

钢丝网的设置，既使得建筑抹面存在微小裂纹这一顽疾得到了很好的控制，又使得保温层、抹面层与基层墙体有机地结合成为一个整体，增加了一道安全措施，极大地加强了保温系统与基层墙体的粘结强度，使整个系统的可靠性和耐久性大为提高。从设置了钢丝网的 21 栋楼的保温及防裂情况来看，均达到了令人满意的效果。

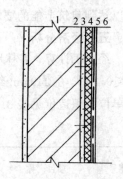

图 1　节点详图

1—基层墙体；2—找平层；

3—聚氨酯；4—钢丝网；

5—外墙抹面；6—外墙涂料

四、试验研究

我们做了两个方面的试验研究工作。一是前文所述的物理、力学方面的研究工作；另一方面，为了进一步验证聚氨酯硬泡在实际工程上的保温效果，我们在理论计算的基础上，模拟实际的四种墙体，分别喷涂不同厚度的聚氨酯硬泡，并抹 18mm 厚水泥砂浆，在试验室进行实测，以检验节能墙体的传热系数能否达到理论要求的数值。检测结果见表 2。

传热系数检测一览表　　　　　　　　　　表 2

序号	基层墙体类别	墙体厚度 （mm）	聚氨酯厚度 （mm）	传热系数 〔W/（m²·K）〕	备注
1	红砖砌体	240	37	0.450	热室 20℃ 相对湿度 55% 冷室 −15℃ 相对湿度 50%
2	红砖砌体	370	32	0.460	
3	加气混凝土砌块	200	22	0.484	
4	炉渣空心砌块	300	36	0.455	

从上述结果可见，四种试件的传热系数均比《民用建筑节能设计标准（采暖居住建筑部分）吉林省实施细则》中规定的指标 0.56W/（m²·K）低。因此，只要经过合理的热工计算，采用合格的聚氨酯原料，严格按照技术规程和节点要求进行施工，完全

可以达到建筑节能的要求。

五、经济分析

经热工计算，吉林地区要达到节能 50％ 的指标，当体形系数 $S_c \leqslant 0.3$ 时，在 240mm 红砖墙上，需喷涂 34mm 聚氨酯泡沫塑料。其单位面积造价见表 3。

聚氨酯保温造价分析　　　　　　　　　　　表3

序号	项目名称	单位	单价（元）	其中人工费（元）
1	固定螺丝钉	m²	2.11	0.91
2	喷涂聚氨酯	m²	35.86	1.86
3	绑扎钢丝网	m²	5.53	1.59
4	抹水泥砂浆	m²	10.30	4.83
5	喷涂机台班费	m²	1.31	0.17
6	空压机台班费	m²	0.39	0.14
7	合　计	m²	55.50	9.50

表 3 未计入节省基层墙体找平层的费用。对新建建筑物，基层墙体可以不抹灰，直接将聚氨酯喷涂在清水墙上，这样还可节约 10.30 元/m²，直接费用由 55.50 元/m² 降为 45.20 元/m²。可见，用聚氨酯泡沫塑料作保温层，不但技术上是先进、可行的，而且经济上也是合理的。

六、结语

通过 15 年的应用实践，证明了聚氨酯外墙外保温技术上具有整体封闭性好，轻质高密，粘着力强，经久耐用等优点，而且工艺技术可靠，保温效果突出，经济效益显著。既可以用于新建建筑物的节能保温，又可用于旧有建筑物的节能改造，市场潜力巨大。

参 考 文 献

1. 民用建筑节能设计标准（采暖居住建筑部分）JGJ 26—95
2. 民用建筑节能设计标准（采暖居住建筑部分）吉林省实施细则 DB 22/ 164—1998
3. 建筑物隔热用硬质聚氨酯泡沫塑料 GB 10800—89

张维秀　中国石油集团工程设计公司东北分公司　工程师
邮编：132021

防护热箱法测试试验装置的设计与建设

聂玉强　　冀兆良

【摘要】　　根据 GB/T 13475—92 标准，用防护热箱法设计建成了针对炎热地区围护结构热工性能的试验测试装置。介绍各部分设计的详细资料，在整个实验装置建设过程中做了有益的探索，为这一地区其他省市建设这一装置提供经验借鉴。

关键词：热箱法　构件测试　设计

1. 广州地区建设热箱法试验装置的紧迫性

一座冬暖夏凉、具有良好围护结构热工性能的建筑物，无论是公共建筑还是民用住宅，对业主来说，都是梦寐以求的。它不仅使室内环境舒适、清新、而且节约能源，减少对周围环境污染，是促进人类可持续发展的绿色建筑。

要使建筑围护结构具有良好的热工性能，就必须使围护结构四大构件都具有良好的保温隔热性能。要不断研制开发新型墙材，门窗等构件。为了准确地掌握建筑材料热工性能，正确地进行建筑节能设计，使建筑真正成为节能型建筑，绿色环保建筑，就必须对建筑构件进行准确的热工测试。

我国对建筑节能的重视，也就是近二十年的事，主要集中在北方等采暖地区，国家制定的《民用建筑节能设计标准》也只针对北方地区作了规定，并无涉及南方炎热地区。用于审核建筑材料热工性能优劣的热箱　实验装置，80 年代后期也只先后在哈尔滨建筑大学，清华大学，苏州混凝土设计研究院等地建起，而这些实验室都建在北方地区且主要针对冬季保温建筑，南方炎热地区目前这方面仍是空白。

近些年来，广州地区经济发展迅猛，空调普及率大，夏季耗电量高。2001 年 6 月 5 日，日用电量创历史新高，达 1750 万 kW，系统缺电 110 万 kW。只好对 20 个城市拉闸限电。空调高能耗业已影响到这一地区国民经济发展和人民生活水平的提高。旧建筑围护结构（如红砖墙体）已明显不适应经济发展要求。广州市政府颁布了禁止使用红砖这一政策后，新墙材必将在这一地区迅速得以普及。

为了配合新墙材在这一地区的普及，就有必要对各种新墙材及其他建筑构件的热工性能进行测试，同时按照国家《建筑节能九五计划及 2010 年规划》要求，为南方炎热地区准备制定当地建筑节能规划、政策积累热工数据。在广州市建委支持下，按 GB/T13475—92 标准，同时参照 ARSHARE TRANSACTION 标准，设计建成了华南地区第一个针对炎热地区围护结构热工测试的防护热箱试验装置。

2. 墙体构件试验装置实际传热原理

墙体构件在实验装置的实际模型如图 1 所示，热量传入或传出墙体是通过与试墙同箱内其他表面的辐射热交换及试件表面的对流换热进行的。辐射传热量取决于与试墙相平行位置的导流板表面的平均辐射温度；对流传热取决于导流腔内空气温度。因此通过试墙的热流受到冷热两个侧面中任何一个侧面的辐射温度和空气温度的影响。

（1）试墙两侧任一侧面的热平衡方程可写成

$$\frac{Q}{A} = \varepsilon hr(Tr - Ts) + hc(Ta - Ts) \tag{2-1}$$

式中　Q——试墙表面与热环境交换的总热流量（W）；

A——试墙表面面积（m^2）；

Tr——导流板平均辐射温度（K）；

Ta——导流腔内流动空气温度（K）；

Ts——试墙表面温度（K）；

ε——辐射率（%）；

hr——辐射换热系数（W/（m$^2 \cdot$ K））；

hc——对流换热系数（W/（m$^2 \cdot$ K））。

将辐射温度和空气对流温度合并成环境温度 Tn，

则有

$$\frac{Q}{A} = \frac{1}{R_s}(Tn - Ts) \tag{2-2}$$

由式（2-1）和式（2-2）可以导出表面比热阻 Rs（m$^2 \cdot$ K/W），环境温度 Tn（K）为

$$Tn = \frac{\varepsilon h_r}{\varepsilon h_r + h_c}Tr + \frac{h_c}{\varepsilon h_r + h_c}Ta \tag{2-3}$$

$$Rs = \frac{1}{\varepsilon h_r + h_c} \tag{2-4}$$

环境温度 Tn 是将热量传至表面的空气温度和辐射温度适当的加权值。

若 εhr 及 hc 值已知，导流板表面温度 Tr 和导流腔内空气温度 Ta 可在实验时测出，则可利用式（2-3）计算出环境温度。

（2）导流板总辐射率 ε，辐射换热系数 hr 以及试墙表面换热系数 hc 和环境温度 Tn.

$$\frac{1}{\varepsilon} = \frac{1}{\varepsilon_1} + \frac{1}{\varepsilon_2} - 1 \tag{2-5}$$

$$hr = 4\sigma Tr^3 \tag{2-6}$$

式中　ε_1——导流板表面辐射率，通常取 0.97；

ε_2——试墙表面辐射率，通常取 0.9；

σ——斯蒂芬常数，5.67×10^{-8}W/m$^2 \cdot$ K^4。

试墙表面对换热系数 hc 与各种因素有关，如空气一表面温度差，表面粗糙度，空气流速，热流方向等，因而不易预计，可利用式（2-1）和式（2-2）联合消除 hc，得

$$T_n = \frac{Ta\dfrac{Q}{A} + \varepsilon hr(Ta - Tr)Ts}{\dfrac{Q}{A} + \varepsilon hr(Ta - Tr)} \tag{2-7}$$

98

式（2-7）对试样两侧的环境温度计算是正确的，对热箱侧面，Q 取正值，对冷箱侧面，Q 取负值。

（3）测试墙体构件传热系数 K（$W/m^2 \cdot K$）

$$K = \frac{Q}{A(Tn_1 - Tn_2)} \tag{2-8}$$

式中　Tn_1——热箱侧环境温度（K）；

Tn_2——冷箱侧环境温度（K）。

3. 实验装置的整体设计与制作

3.1 装置测试原理

该装置为防护热箱法实验装置，其结构如图1所示，它是基于一维稳定传热原理，模拟夏季围护结构构件的传热，将构件置于装置为两个不同温度箱体之间，在这两个箱体内分别建立夏季室内外气象条件而进行测试的。热箱模拟夏季室外空气温度，风速，辐射条件；冷箱模拟夏季室内空调房间空气温度、风速。经过若干小时的运行，整个装置均达到稳定状态，形成稳定温度场、速度场后，测量试件两侧的空气温度，表面流速，表面防护箱温度，以及输入热箱的风扇电量和电加热器耗电量，就可以算出试件传热系数 K，从而判别该试件热工性能优劣。

3.2 装置的构造

装置主要由热箱，防护箱，试件架，冷箱等构成。下面简叙各部分功能构造及技术要求。

3.2.1 热箱

热箱的功能是在试件的热侧模拟，维持夏季室外热环境。它是由箱体五个壁面，导流屏，电加热器，热风气流通道等组成。

（1）热箱开口尺寸计量面积的确定

根据国家标准《建筑构件稳态热传递性质的确定——标定和防护热箱法》（GB/T 13475—92）（以后简称 GB/T 13475—92）规定：1. 计量面积必须足够大，使试验具有代表性。2. 计量面积的尺寸取决于构件的最大厚度。因此，计量面积设计为 2000mm×2000mm。根据是：

（a）测试是基于一维稳定传热原理，要使得试件只沿厚度方向一维传室热，在宽度高度等方向不存在传热的话，试件面积理论上必须无限大，冷、热侧温度分布也必须均匀。而当其他方向与厚度方向特征尺寸之比大于 10：1 时，就可以认为试件传热是一维传热。

（b）南方炎热地区围护结构多为 180mm 墙，少部分西墙为240mm 墙。若试件表面特征尺寸为墙厚的 10 倍，则应为 1800mm～2400mm 之间。考虑到新型墙材在这一地区迅速普及，新墙材厚度将更薄，因此应选下限值。

（c）该墙体实验室放置二楼，应考虑主梁以下到楼面的高度距离和装置底座高度。综上所述应取 2000mm×2000mm。

（2）五个热箱壁面设计

热箱内外壁面全用 9mm 胶合板，中间夹 0.1mm 厚聚苯板构成，高度方向用木方固定，厚度方向全填充聚苯板，该方向不用固定，以防产生热桥，以尽量减少通过箱壁的热流量，壁面内外两侧涂两道深蓝色磁漆，一方面防潮，另一方面使壁表面辐射率大于 0.8。

（3）导流屏设计

如图 1 所示，导流屏与试件平行设置。其作用一方面是起屏蔽作用，防止电加热器对试件热辐射，另一方面与试件形成导流腔，让热风均匀流过热侧试件表面，形成一个稳定均匀的温度场。导流屏用 6mm 厚，深绿色的铝塑板制成，大小为 2000mm×2000mm，在箱顶处设导轨吊钓，以方便导流屏在水平方向位置调节，导流屏上下端面 100mm×2000mm 面积上设置排孔，以利热风循环。

（4）气流通道

如图 1 所示，在热箱内靠导流屏处，设置热箱加热送风器，由加热箱和静压室组成。加热箱内沿宽度方向布置均匀一排并联风扇，风量为 100m³/h，功率为 24W，数量 10 只，加热箱内同时安置 5 组电加热器。整排风扇为串联控制，同时启停。

当启动风扇后，热箱内空气在加热室得到加热后，被压入下部静压室，在静压室经过一个短暂时间滞后、混合后，穿过静压排孔，均匀地在导流腔内由下向上吹过试件表面，再从顶导流屏开口处流入热箱，完成一个封闭循环。如此循环不已，形成一个稳定热环境。为了模拟不同情况下夏季室外风速，导流腔内风速应在 2～6m/s 范围内可调。

3.2.2　防护箱设计与制作

防护的功能是使热箱五个壁面与周围环境的热交量尽可能接近于零，从而使热箱内发热量几乎全部由试件表面传出，以提高装置的测量精度。

其构造见图 1，防护箱五个壁面与热箱五个壁结构一样，内外壁面 9mm 胶合板加中间来 0.1m 聚苯板，内壁刷深蓝油漆两道。护箱宽 0.3m，尽可能小同时又能让人侧身进入安装与维修。护箱三个侧墙各安装一台自制的电风箱，电风扇带电加热风扇加热器功率可根据需要能自动调节，此外护箱内空腔与下空腔各装风扇两把，以形成对流。

护箱内安装电风箱及风扇等设备的目的是使个护箱内空腔形成一个均匀稳定的温度场，该温度场内各点温度与热箱内温度场温度尽可能保持一致。

3.2.3　试件架设计与制作

试件架的主要作用是用于安放测试试件。

该试件架内尺寸为 2000mm×2000mm 支承座用钢筋混凝土浇制完成，表面再用 50mm 厚的硬质聚苯板隔热，所示承座可承重达 3.5t 的重型墙体试件，框架其他三个面全用整块聚苯板填实，内外表面用胶合板做成框架保护。

3.2.4　冷箱设计与制作

冷箱的功能是在试件另一侧形成一个温度比热箱低的稳定均匀温度场，以便测试过程中在试件两侧形成恒定的温差。

冷箱五个壁为内外 9mm 胶合板加中间夹 0.3m 聚苯板制成，箱体开口尺寸与试件框架大小相同，导流屏的设计与安装与热箱导流屏一致，位置也遥相对应，上部静压排孔静压箱相连，下部开口与冷箱空腔相通。

静压箱内装 5 台风扇和 3 组电加热器，电加热带自动控制，起微调作用，即将冷箱内被空调冷却到略低于设计温度的空气，在静压箱内通过加热，调控到设计温度。风扇作用为模拟室内空调房间风速，冷侧室内得风速成在 0.2～0.5m/s 范围内可调。

冷箱内冷却的空气被风扇吸入静压箱，在箱内得到加热，温度被调到设定温度后，穿过静压箱排孔，从导流屏上部进入导流腔，然后自上而下平衡均匀地流过试件冷侧面，由导流屏下部出口通入冷箱空腔，再次被空调冷却，周而复始，连续不已，以维持试件冷侧稳定的风速和设定温度场。

3.2.5 实验装置各箱体之间的连接

热箱、护箱与冷箱之间无论设计，制作都应十分严密，但考虑到试验墙体砌筑的方便，以及大件试件在试验装置安装的可行，将试件架和热侧箱体设计成固定装置，将冷箱设计成活动装置，在楼面安装两条导轨，冷箱底架装两排滑轮，每排三只。当安装试件时，将冷箱整体拉开，安装完毕后，再沿导轨将冷箱与试件架合拢。

本实验装置有不仅要有良好的保温措施，与周围环境绝热而且要有良好密闭性能，以防箱体空气泄漏，与外部空气产生热交换。因此活动的冷箱与固定的试件架接触面之间必须严密封闭，以防与外界热交换。

密闭措施有以下几条：

1. 要接触面四周安装两道里面充气的密封胶带，使接触面之间为软接触，可挤压。

2. 在接触面四周装上磁条，一旦合拢，靠磁吸作用将两个面吸住。

3. 接触面之间合拢后，用玻璃胶将缝隙填上，以防气孔。

4. 缝隙四周用封口胶纸封住。

采取以上几条措施后，密封效果基本上有了保障。三个箱门

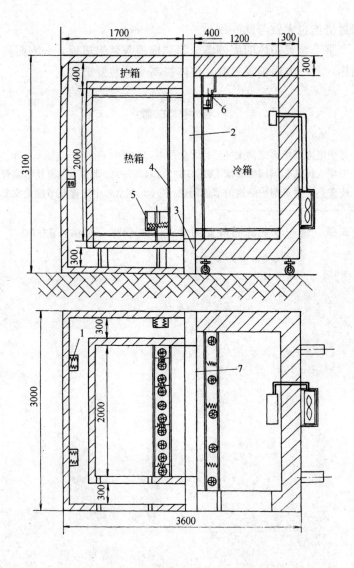

图 1　防护热箱装置结构图

1—护箱微调加热器；2—试验墙体；3—支承件；4—导流板；
5—冷箱微调加热送风器；6—分体式变频空调器；7—热箱加热送风器

密封措施也大致与此一致。

　　整个装置箱体四周外墙全部装饰银灰色铝塑板，一方面防潮隔热，另一方面美观气派，整体提高实验装置档次。

参 考 文 献

1. 邹平电力市场再次倒戈 [J]、大众用电.2000/9
2. 中华人民共和国国家标准 [M] GB/T 13475—92. 北京：国家技术监督局
3. 杜文英. 建筑围护结构的节能问题 [C]. 北京：中国建筑节能论文集

聂玉强　佛山市能源利用监测中心　工程师　邮编：528000

瑞典节能建筑现场测试与数据分析方法

周景德　管康雄

【摘要】　本文介绍了技术上先进的瑞典建筑节能测试技术及其设备，其中有关测试数据的评估与归纳分析原则有重要参考价值。作者曾采用该国的有关测试设备和程序，进行过采暖住宅建筑现场测试与变参数研究，取得了有益的结果。

关键词：瑞典　节能建筑　检测　数据分析

目前有三种采集数据的方法及其相应的设备，今简述如下，这三种方法在数据采集与数据处理的自动化程度方面有很大区别。显然，采集数据方法的选择取决于被测项目所预定的目的。实际工作中，在测定当时就可选定能完成全部采集过程的某种设备。但不可避免的问题往往发生在评估期间。例如，丢失数据、数据量过大而不能恰当地处理或媒体（如磁带）中的数据不能从现有设备中读出。

一、成套远程终端设备

1. 基本情况

对于重要的研究项目，为了确定整幢建筑物完整的能量平衡，从而可以由测定结果归纳出一般性的结论，则要求进行大范围的测量，约有 100 个测定变量需要每小时读一次，完成采集、记录一个完整的年周期读数达 876000 个。很显然，这是需要能大范围自动采集数据和合理地评估的设备。本文介绍一种适用的系统以满足上述要求的例子。实践中，连续的测量并不困难，但从评估的观点出发，事先确定合理的测定时段是有困难的，这就是为什么要测定大量数据的理由。这意味着在实际工作中，在某些情况下，只有10%～20%的读数被利用。由于测定工作是自动进行的，评估程序是为大数据组设计的，数据可以方便的从测量系统传入评估系统，用于进一步处理和选择合理的测量时段。另外有些方案是如果一定数量的数据已能达到事先的规定值，则可自动进行测量或由远程发出启动测量指令，则可得到较小的数据组。

2. 终端设备的组成

终端设备由四部分组成。

2.1 HP—85台式计算机。

2.2 双磁盘驱动器用作存储数据——与计算机相接。

2.3 TENS型记录仪，上接传感器——与计算机相接。此记录仪由计算机控制与编程进行测量和读数的数据处理，经处理过的读数再输入计算机进一步处理，然后储存在磁盘驱动器内，经调制解调器与HP—85式计算机相接。

2.4 终端设备，它可以指令经电话网络把存入的读数输入位于多台测量系统中心位置的评估设施内，其他指令如测量的启动与停止、记录仪重新编程或电器设备的启动与停止均可通过电话网络设施。

终端设备具有如下性能：

计算机用的普通测定程序采用BASIC语言编写。该程序接收通过软键（SOFT KEYS）或通过调制解调器工作，可执行下列指令：

GO：启动记录仪的扫描程序

STOP：停止记录仪的扫描程序

CMD：启动记录仪的新扫描程序

DISP：设定显示屏上的通道

SCANC：启动连续扫描

OFFC：停止连续扫描

READ：从磁盘或磁带上读数据

POINTR：读出存储数据的指示器

LOG：读出记录仪上的数据缓冲寄存装置

LOAD：输入从磁带上的数据到记录仪上的扫描程序

TIMEGO：启动在一定时间内记录中的扫描程序

TERM：通过调制解调器使打印输出与终端设备相匹配

HP1000：通过调制解调器约束打印输出，这样可与计算机适应

BYE：通过调制解调器断开

对于专门使用的常规测量可很方便的再加入新的 BASIC 子程序。例如，水蒸气饱和压力的统计工作，理论方面的定量计算以及效率等。

程序包还含有供电停止后再启动用的自动开启子程序，该子程序还可重新启动数据记录器中的扫描程序。

双磁盘测量站的存储能力为 540 千字节，磁带测量站的存储能力为 210 千字节。这样，磁盘站可容纳读数总共达 30000，磁带测量站可容纳读数共计为 10000，不包括程序在内。这意味着，假设我们有 100 条通道，每小时测定 1 次，存储量足够 400 小时的需要。更换磁盘或磁带可以补救（修正）数据抑或把数据从磁盘或磁带经调制解调器输往评估中心。每天输送一次比较合适，例如，晚间输送，因为夜里通话网的通讯量较少。

二、8 条通道的自动检测设备

1. 基本情况

对于某些研究课题，只需很少数的通道就足够用了，比如，进行统计性的调查研究，但调查的建筑物数量却相当大；再如，对于某一幢建筑物，在一个或两个采暖期内只需研究少量内容即可满足要求。这类调研的实例如，测定私人住宅的节能措施效果，检测与研究以下内容是合适的：

——家庭用电量

——区域采暖供热量

——冷水消耗量

——排风量

——室内空气温度

——室外空气温度

——风速

——总太阳辐射强度

2. 自动测量设备的组成

设计自动测量设备的基本想法是组成一个小型而价格较便宜的自动测量系统，该系统与研究工作中常用的传感器相适应，并有可能获取到半个采暖期的可靠数据。因为用于研究工作中的传感器（测量仪器）产生的是脉冲序列输出信号。为此，测量设备设计成只计量脉冲数，当连接上模拟传感器，通过转换器，就把模拟信号转换成频率，这种做法的优点不仅可以减少测量信号受干扰，而且在时间间隔期间，单位时间的脉冲数是直接与测量信号的平均值成正比的。

3. 自动测量设备的性能

自动部件 MA—1

输入通道

8 孔，绝缘通道，单独可编程的如 A 或 B 通道。

通道 A 是用于低频的计量表/传感器，如水表（脉冲/立方米），能量表（脉冲/千瓦时）等。

脉冲频率：从 1/秒～1/月

通道 B 是用于输入频率在 1 赫兹～10 千赫兹范围的计量表/传感器

输入时间间隔：从 1 分钟到 1 个月是可编程的

对于通道 A，要计算输入时间间隔内的输入脉冲数

对于通道 B，要取出所编时间间隔的频率（采样）

读数存储

进入的读数被存储在（经处理后可执行的）容易更换和处理的"可改写的只读存储器"（EPROM）插座记忆元件内。

插座式记忆元件的内容可经与处理器相接的 MA—1 自动部件输出。

为了识别插座式记忆元件（基本数据）的全部信息，当插座式元件插入自动元件后会自动地进入记忆器中。经评估和消去记录内容后，插座式元件又可再次使用。

不通晓自动元件或程序功能，则需要更换插座件。

存储容量

对于全部 8 个通道，计有 3200 个通路引入线。

例：读数的时间间隔为 1 小时，可实现不更换插座式记忆元件连续运转 4 个月之久（双倍精度；日期：每日一次；每个数据输入周期的钟点。），如需要的话，还可增加存储量，比如增加 2 倍，4 倍等。

三、人工读数

人工读数是简易直接的测量方法，这种方法在统计普查中是常用的。人工采集数据的成本可能很低，例如，与住户协商免费合作，由锅炉房工人定期负责读数。如果选用这种方法，则需要把大量数据输入到合适的评估程序中。对于规模较小的调研工作，可以采用这种方法。

能量表与水表可直接读数，为了有可能记录下模拟信号如室内外空气温度，需要专用设备，为此研制成的装置，使用了上述自动测量设备中的模拟—频率转换器。读数记录在计数器内，仪表可显示出两个连续状况下的差值，此连续状况代表了读数时的时间差之间模拟信号平均值。该设备内设有故障报警时钟，这样，运行过程中若发生故障可及时纠正。

在许多情况下，人工读数可能是自动测量的一种适当补充。

四、读数的归纳与评估

光凭测定数据就指出结论性的、普遍适用的评估意见是不可能的。根据经验和使用者的想法才能决定如何进行数据处理。然而，作为指导性的方法，在此提出以下有关数据评估与归纳的纲要。

读数评估

1. 收集数据。

2. 分析测量全过程，选择合适的评估时段。

3. 对于已选定的时段，增加读数量并加以纠正。

4. 对于特别感兴趣的时段，应规定其变化和协变，如适当地确定气候条件——寒冷和晴朗、多云和寒冷、暖和与晴朗及暖和与多云等。

5. 确定被测物理量之间的关系，如能耗与室内外空气温度差之间的关系，这种关系用数学与图来表示。

6. 表示所测物理量之间的理论关系并同测定结果关系相互比较。

7. 汇总与统计家庭消耗量。

8. 估算从居住者散发出的得热量，当面洽谈调查，家庭人口总数和普查数据可作为辅助手段和资料。

9. 通过测定太阳辐射强度计算太阳能得热量。

10. 制订年能量平衡分析表。

11. 计算子系统的效率，如热泵的性能系数。

12. 讨论和结论。

为使抽样取数测定项目的结果可以归纳出一般性的规律，必须使用合适的物理模型。此模型必须计算机化，这样计算时才能考虑大量可变因素，这些因素往往影响测定对象的真实性。今建议采取以下归纳方法。

测量数据的归纳步骤：

1. 选择一个合适的理论模型。

2. 确定该模型所需的几何尺寸与物理量输入数据。

3. 利用测得的气候数据，对选定的评估期建立气候文档。

4. 计算出测量时段，并把测得的数据与模拟值对比。

5. 如果需要的话，对模型作适当的调整，但应说明该模型为何要修正并已完成了模型调整工作。

6. 如果测定数据与模拟数据相吻合，已达到了令人满意的一致性，那么该模型就可用来分析与归纳测定数据了。如有更改，必须把更改的数据输进模拟程序中。

7. 采用变参数研究可使归纳法系统化。

变参数研究例子

利用模拟程序可对某个建筑进行节能方面的变参数研究，可变的因素可能有：

——房间的朝向

——窗子玻璃涂料层对长波辐射的影响

——窗户玻璃面积的大小

——遮阳与挑檐

——地理位置

——从住户居民散热及其电器设备散热中的得热量

——表面装饰材料与建筑框架结构

周景德　中国建筑技术开发总公司咨询部　研究员

邮编：100013

夏热冬暖地区居住建筑围护结构能耗分析及节能设计指标的建议

杨仕超

【摘要】 本文提出了一个夏热冬暖地区的基础能耗建筑，在此基础上采用 DOE-2 进行了能耗计算分析，得到了围护结构各部分的各项性能指标在节能中的作用大小。参考美国关岛的节能标准，本文引入了对比评定法（Trade-off），这一方法的核心是采用假想的核算建筑作为对比。本文还参照关岛标准提出了夏热冬暖地区的围护结构节能性能系数的计算公式用于对比计算，并用两个不同建筑的能耗计算结果对公式进行了验证。验证结果证明，公式有较高的精度。

关键词：夏热冬暖　居住建筑　围护结构　节能　设计指标空调　能耗分析

1. 引言

夏热冬暖地区包括广东大部、海南、福建沿海、广西大部等地区。夏热冬暖地区夏季比较长，冬季则很短或无冬。对于这一地区的建筑来说，夏天需要空调，而冬天则一般不需要采暖。因此，在这一类型地区，隔热是建筑围护结构节能的主要问题。

居住建筑是量大面广的建筑，其节能问题是非常突出的。目前，采暖地区已有《民用建筑节能设计标准（采暖居住建筑部分）》作为节能设计标准，夏热冬冷地区已经编制完成了《夏热冬冷地区居住建筑节能设计标准》。由于夏热冬暖地区的建筑不需要采暖，因而从建筑设计上与其他地区有很大的不同。

建设部于 2001 年下达了《夏热冬暖地区居住建筑节能设计标准》的编制计划。此标准的编制对这一地区建筑节能的意义是非常重大的,将成为本地区各省制定有关建筑节能政策的依据之一。同时,这本标准也将是指引建筑设计的方向性规范之一。

在标准的编制中,节能设计指标非常重要。在采暖居住建筑中围护结构是以传热系数来控制的,最终以每年每平方米的耗热量作为控制指标。夏热冬冷地区居住建筑的节能设计标准中,以每年每平方米的耗电量作为控制指标。这样的方法虽然与能耗直接挂钩,但不完全合理。由于不同体型的建筑,其体型系数差别比较大,因而单位面积的能耗差别也比较大,采用统一的标准势必会限制建筑形式的丰富。而且不同建筑采用同一标准也将造成某些建筑很难达到标准,而某些建筑不用努力就能达到标准。

夏热冬暖地区以空调为主,传热是动态的传热过程,采用传热系数控制节能不合适。在单位面积能耗方面,由于南方的建筑大多主要考虑通风效果,因而体型系数较大。若采用单位面积的能耗作为控制指标,势必影响到南方建筑的特色,难以执行。所以,提出针对南方建筑特色的节能控制指标,是夏热冬暖地区居住建筑节能设计标准编制的迫切需要。

2. 基础能耗建筑的能耗分析

2.1 基础能耗建筑

为了提出节能设计指标,首先要对影响居住建筑能耗的因素进行分析。分析这些因素,需要有一个标准的建筑。经过调查,以如下建筑作为分析的基础。

建筑体型：两梯 4 户平面布局,每户 60m^2,矩形,高 6 层；

建筑外墙：180mm 砖墙,墙面吸收系数 0.7；

楼板：100mm 钢筋混凝土；

内隔墙：120mm 砖墙；

屋面：20mm 聚苯乙烯泡沫塑料保温屋面,100mm 钢筋混凝土；

窗墙比：南48%，北40%，东5%，西5%；

窗遮阳：门有1.5m阳台遮阳，窗上100mm遮阳板（用于滴水构造）；

窗：5mm透明玻璃普通铝合金窗，传热系数6.4，遮阳系数0.9；

室内环境：冬天18℃，夏天26℃，换气次数1.5次/h，24小时空调；

照明：9小时，强度为2.8W/m²；

人及设备热源强度：卧室为2.45W/m²，起居室为3.33W/m²；

设备效率：空调为2.2，采暖为1.0。

图1 基础能耗建筑立体图

这一建筑的立体图形见图1。其总建筑面积为1663m²，总外墙面积为872m²，屋顶面积为277m²，窗面积465m²，

应用美国的DOE-2动态模拟计算软件，计算得到这一建筑在广州的单位建筑面积空调耗电量为60.43kW·h/m²·y，单位建筑面积采暖耗电量为28.44kW·h/m²·y。

2.2 各种因素对建筑能耗的影响

对于以上基础能耗建筑，通过输入不同城市的气象参数可以计算得到，广州、南宁、福州等有较大的不同，见表1。

基础能耗建筑在不同城市的耗电量分析　　　表 1

城 市 名 称	单位面积年平均耗电量（kW·h/m²·y）		
	总　和	采　暖	空　调
广州	88.86	28.44	60.43
福州	107.86	64.27	43.59
南宁	89.23	31.51	57.72
湛江	86.22	12.69	73.53
桂林	128.85	76.06	53.75

由计算可见，福州的采暖能耗超过了空调能耗，这主要是采暖温度的设定与实际情况生活习惯有所不同，采暖的设备能效比较低的缘故。实际上，空调能耗还是远大于采暖能耗的。桂林属夏热冬冷地区，因而采暖能耗比较高。

广州和南宁有着基本相同的年耗电量，而且都是空调耗电量远大于采暖耗电量。

改变建筑的外窗性能会极大地影响空调的耗电量。将外窗的遮阳系数从 0.9 调低至 0.5，空调的耗电量可以降低 22%，而采暖耗电量则基本不变，见表 2。

基础能耗建筑在不同外窗遮阳系数下的耗电量分析　　表 2

遮阳系数		单位面积年平均耗电量（kW·h/m²·y）			
		总　和	采　暖	空　调	
0.9	100%	88.86	28.44	60.43	100%
0.7	78%	70.05	27.48	52.07	86%
0.5	56%	78.16	28.10	47.38	78%

改变该建筑的外墙传热系数，将外墙传热系数从 1.41 调高至 3.26，空调的耗电量可以升高 8%，采暖耗电量也升高，见表 3。

基础能耗建筑在不同外墙传热系数下的耗电量分析　　表 3

传 热 系 数		单位面积年平均耗电量（kW·h/m²·a）			
		总　和	采　暖	空　调	
1.41	65%	83.03	25.19	57.84	96%
2.17	100%	88·86	28.44	60.43	100%
3.26	150%	96.08	33.31	62.77	104%

改变该建筑的外墙表面太阳辐射吸收系数，将外墙表面太阳辐射吸收系数从 0.7 调低至 0.5，空调的耗电量可以降低 9%，采暖耗电量却升高，见表 4。

基础能耗建筑在不同外墙表面太阳辐射
吸收系数下的耗电量分析 表 4

太阳辐射吸收系数		单位面积年平均耗电量（kW·h/m²·a）			
		总　和	采　暖	空　调	
0.8	114%	89.77	27.18	62.59	104%
0.7	100%	88.86	28.44	60.43	100%
0.6	86%	88.02	29.82	58.20	96%
0.5	71%	86.52	31.57	54.95	91%

改变该建筑的屋面传热系数，将屋面传热系数从 1.83 调低至 0.77，空调的耗电量可以降低 1%，采暖耗电量也下降，见表 5。

基础能耗建筑在不同屋面传热系数下的耗电量分析 表 5

传热系数		单位面积年平均耗电量（kW·h/m²·a）			
		总　和	采　暖	空　调	
1.83	145%	90.13	28.86	61.27	101%
1.26	100%	88.86	28.44	60.43	100%
0.77	61%	87.48	27.67	59.88	99%

改变该建筑的屋面外表面太阳辐射吸收系数，将屋面太阳辐射吸收系数从 0.7 调低至 0.5，空调的耗电量可以降低 1%，采暖耗电量上升，见 6。

基础能耗建筑在不同屋面外表面太阳辐射
吸收系数下的耗电量分析 表 6

太阳辐射吸收系数		单位面积年平均耗电量（kW·h/（m²·a））			
		总　和	采　暖	空　调	
0.7	100%	88.86	28.44	60.43	100%
0.6	86%	88.50	28.56	59.94	99%
0.5	71%	88.08	28.62	59.46	98%

换气次数的改变所带来的空调耗电量的变化也是很大的，见表 7。

基础能耗建筑在不同换气次数下的耗电量分析 表 7

换气次数		单位面积年平均耗电量（kW·h/m²·a）			
		总 和	采 暖	空 调	
1.5	100%	88.86	28.44	60.43	100%
1.3	87%	85.08	27.00	58.08	96%
1.0	67%	77.32	24.11	53.21	88%

空调能效比对于节能是至关重要的。由于耗电量与能耗的关系主要体现在能效比，因而耗电量应该与能效比成反比的关系，见表 8。

基础能耗建筑在不同换气次数下的耗电量分析 表 8

空调能效比		单位面积年平均耗电量（kW·h/m²·a）			
		总 和	采 暖	空 调	
2.2	100%	88.86	28.44	60.43	100%
2.4	109%	84.42	28.02	56.40	93%
2.6	118%	78.46	27.42	51.05	84%

从以上计算分析可以看出，各围护结构的节能潜力如下：改变外门窗的遮阳系数，最多可节能 22% 左右，改变外墙的太阳辐射吸收系数和传热系数，可节能 10% 左右，屋面的改变可以节能 2%。

改变换气次数节能主要是通过改善门窗的密封性能，控制换气。此方面可以节能 12% 左右。选用好的空调，导致空调能效比的提高可节能 16% 左右。

3. 美国关岛节能标准的围护结构节能性能指标

美国关岛位于西太平洋，其纬度与菲律宾马尼拉相近，属于热带海洋性气候。虽然气候上与我国的夏热冬暖地区有较大区别，但仍有较高的借鉴价值。

3.1 围护结构节能性能指标

在关岛的节能标准中，对围护结构的节能计算提出了一个性能指标——围护结构节能性能参数，用 EPF 表示：

$$EPF_{\text{Total}} = EPF_{\text{Roof}} + EPF_{\text{Wall}} + EPF_{\text{Fenest}} \qquad (3.1\text{-}1)$$

$$EPF_{\text{Roof}} = C_{\text{Roof,Mass}} \sum_{s=1}^{n} U_s A_s \alpha_s + C_{\text{Roof,MtlBldg}} \sum_{s=1}^{n} U_s A_s \alpha_s$$

$$+ C_{\text{Roof,Other}} \sum_{s=1}^{n} U_s A_s RBF_s$$

$$EPF_{\text{Wall}} = C_{\text{Wall,Mass}} \sum_{s=1}^{n} U_s A_s + C_{\text{Wall,MtlBldg}} \sum_{s=1}^{n} U_s A_s$$

$$+ C_{\text{Wall,MtlFrm}} \sum_{s=1}^{n} U_s A_s + C_{\text{Wall,Other}} \sum_{s=1}^{n} U_s A_s$$

$$EPF_{\text{Fenest}} = C_{\text{Fenest,North}} \sum_{W=1}^{n} A_W SHGC_W M_W$$

$$+ C_{\text{Fenest,East}} \sum_{W=1}^{n} A_W SHGC_W M_W$$

$$+ C_{\text{Fenest,South}} \sum_{W=1}^{n} A_W SHGC_W M_W$$

$$+ C_{\text{Fenest,West}} \sum_{W=1}^{n} A_W SHGC_W M_W$$

$$+ C_{\text{Fenest,Skylight}} \sum_{s=1}^{n} A_s SHGC_s$$

式中　EPF_{Roof}——屋面性能参数。其他下标包括墙和开窗；

A_S，A_W——某一专门外围护结构的面积,由下标"S"表示，窗用"W"表示；

$SHGC_W$——窗户太阳得热系数，$SHGC_S$ 指天窗；

M_W——窗户 $SHGC$ 的乘数，决定于水平遮阳板或侧面板的投影系数；

U_S——外围护构件的 U-值，下标加"S"；

RBF_S—对于屋面"S"的太阳辐射透过系数；

$α_S$—重屋顶和金属建筑屋顶的太阳辐射吸收系数。

EPF 公式的系数包含在表 9 中。

外围护结构节能性能参数 EPF 计算的有关系数　　表 9

构成，分类	白天空调	24 小时空调
Roofs，Mass	1.47	3.61
Roofs，MtlBldg	15.83	25.26
Roofs，Other	2.84	3.82
Wall，Mass	2.53	6.14
Wall，MtlBldg	6.36	9.28
Wall，MtlFrm	6.36	9.28
Wall，Other	6.36	9.28
Fenest，East	53	86
Fenest，North	31	51
Fenest，South	58	98
Fenest，West	50	85
Fenest，Skylights	101	163

固定遮阳装置（如水平遮阳板或垂直遮阳板）用下列公式计算，每个方向和单独遮荫条件需独立计算。

$$M = a \cdot PF^2 + b \cdot PF + 1 \qquad (3.1\text{-}2)$$

PF 为窗到遮阳板前端的水平距离与遮阳板到窗对边的距离之比

阴影系数 M 计算公式的有关系数与朝向的关系表　　表 10

装　置	系　数	北	南	东/西
水　平	a	0.16	0.21	0.10
	b	−0.61	−0.83	−0.58
垂　直	a	0.23	0.12	0.14
	b	−0.74	−0.59	−0.52

3.2　对比评定法

关岛的节能标准是采用对比核算建筑物进行对比来控制建筑围护结构的。其做法是要求拟建建筑物满足强制性的要求，其外

围护节能性能参数 EPF 小于或等于对比核算建筑物的节能性能参数。

对比核算建筑物确定的原则如下：

a. 用于对比的假想核算建筑物与拟建建筑的设计有相同的建筑面积、总的围墙面积、总屋面面积。内部能源消耗、空调状况相同。

b. 核算建筑物每一外围护结构的 U 值与强制性规定的标准相等。

c. 垂直开窗面积与拟建建筑设计或总外墙面积的 40% 相等，取小者。天窗面积与拟建建筑设计或总外屋面面积的 5% 相等，取小者。

d. 每一窗户或天窗组成的 $SHGC$ 与强制性规定的标准相等。

这样，只要性能参数 EPF 不超过对比核算建筑物的 EPF，则拟建建筑的节能符合标准的要求。

以上这种采用对比核算建筑物进行对比的方法叫做比较评定法（Trade-off）。采用这种评定方法进行节能评价有如下特点：

a. 不同形式的建筑没有绝对的标准，只有相对标准；

b. 对相同形式的建筑，其节能率是相同的；

c. 灵活，不限制建筑师的创作；

d. 计算简便，没有太多的表格；

e. 使用者甚至不需要气象数据；

f. 只适合本类地区。

4. 节能设计指标的建议

4.1 计算公式的建立

由于并不清楚美国关岛节能标准中 EPF 公式如何得出，因而，我们只借助这种形式来制定本区域类似的 EPF 计算公式。

确定本区域的 EPF 计算公式应该遵循这样的原则：*a.* 容易计算；*b.* 与能耗有很好的对应关系；*c.* 物理概念清楚；*d.* 采用 DOE-2 进行计算拟合；*e.* 同类城市或地区用相同的系数。

首先分析通过外窗的日平均热流量：

$$\overline{Q} = A_{WD} \cdot (\overline{t_e} - \overline{t_i}) \cdot K_{WD} + A_{WD} \cdot \overline{J_C} \cdot SC \cdot M \qquad (4.1\text{-}1)$$

由于夏热冬暖地区夏季室内外日平均温差较小，远小于太阳辐射的影响，因而将 $t_e - t_i$ 忽略。通过用 DOE-2 进行计算，证明窗的传热系数影响非常小。这样得到了简化公式：

$$\overline{Q} = C_{WD} \cdot A_{WD} \cdot SC \cdot M \qquad (4.1\text{-}2)$$

这样简化，我们把气象参数放在一个系数中，而不去理会其物理意义。所以，这些系数是和地区有关的。

墙体、屋面的日平均热流量：

$$\overline{Q} = A_W \cdot (\overline{t_z} - \overline{t_i}) \cdot K_W \qquad (4.1\text{-}3)$$

这里 $\overline{t_z}$ 为综合温度，其计算公式如下：

$$\overline{t_z} = \overline{t_e} + \frac{\alpha_W \overline{J_S}}{\alpha_e} \qquad (4.1\text{-}4)$$

同样，由于夏热冬暖地区夏季室内外日平均温差较小，远小于太阳辐射的影响，因而将 $t_e - t_i$ 忽略。通过用 DOE-2 进行计算，证明传热系数的影响并不比太阳辐射吸收系数的影响更大。这样，(4.1-3) 简化成：

$$\overline{Q_W} = C_W \cdot A_W \cdot \alpha_W \cdot K_W \qquad (4.1\text{-}5)$$

应用以上 (4.1-2) 式和 (4.1-5) 式，对不同的围护结构求和，可以得到类似关岛标准的计算公式——围护结构的节能性能指标 EPF 为：

$$EPF_{总体} = \left(\frac{EPF_{屋面} + EPF_{墙} + EPF_{门窗}}{\sum_S A_S} \right) \qquad (4.1\text{-}6)$$

$$EPF_{屋面} = C_{重屋面} \sum_{s=1}^{n} K_s A_s \alpha_s + C_{金属屋面} \sum_{s=1}^{n} K_s A_s \alpha_s$$

$$EPF_{墙体} = C_{重墙} \sum_{s=1}^{n} K_s A_s \alpha_s + C_{金属墙} \sum_{s=1}^{n} K_s A_s \alpha_s$$

$$EPF_{门窗} = C_{北窗} \sum_{W=1}^{n} A_W SC_W M_W + C_{东窗} \sum_{W=1}^{n} A_W SC_W M_W$$

$$+ C_{南窗} \sum_{W=1}^{n} A_W SC_W M_W + C_{西窗} \sum_{W=1}^{n} A_W SC_W M_W$$

$$+ C_{天窗} \sum_{S=1}^{n} A_S SC_S$$

本公式中引入了金属板墙体，主要是为了以后出现金属板幕墙作为外墙的墙体部分。天窗主要是针对玻璃采光顶。

公式中固定遮阳装置（如水平遮阳板或垂直遮阳板）计算采用式 3.1-2。

式中的有关系数可参考表 10。对于不同地区，应采用 DOE-2 直接拟合出表中的系数。

4.2 公式的拟合与验证

通过以上公式，选择广州的气象数据，采用 DOE-2 计算的结果，可以拟合出各项系数。采用基础能耗建筑拟合的各项系数见表 11。

围护结构节能性能参数 *EPF* 的

有关系数拟合值（广州） 表 11

$C_{重屋面}$	$C_{重南墙}$	$C_{重北墙}$	$C_{重东西墙}$
11.92	16.76	14.91	22.36
$C_{金属屋面}$	$C_{金属南墙}$	$C_{金属北墙}$	$C_{金属东西墙}$
83.44	25.14	22.36	33.54
$C_{东西窗}$	$C_{南窗}$	$C_{北窗}$	$C_{天窗}$
212.77	159.58	141.85	425.54

为了验证拟合公式的适应性和准确性，我们可以建一个比较简单的模型：

建筑总长 10m，宽 5m，高 2.8m；

建筑外墙：180mm 砖墙，墙面吸收系数 0.7；

楼板：100mm 钢筋混凝土（屋面）；

内隔墙：180mm 砖墙；

屋面：20mm 聚苯乙烯泡沫塑料保温，吸收系数 0.7；

窗：宽 1.47m，高 1.47m，铝合金窗，传热系数 6.0，遮阳系数 0.9；

遮阳：1.5m 阳台遮阳，窗上 100mm 遮阳板（用于滴水构造）；

其他条件与基础能耗住宅相同。

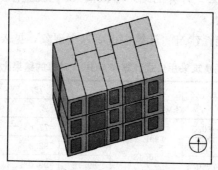

图 2 验证建筑立体图

由于 EPF 不直接是单位面积的能耗，因而在验证时需要有一个 EPF 与单位面积年耗电量的对应公式。

$$\overline{Q} = C_{围护} \cdot EPF_总 + C_{换气} \cdot V \cdot N \qquad (4.2\text{-}1)$$

这里忽略其他能量消耗的因素，如人体、设备、照明等。在采用 DOE-2 的计算中，也将这些因素全部设为"零"。

由于表 11 的拟合结果中已包含了系数 $C_{围护}$ 和 $C_{换气}$ 的结果，这里可以直接应用。其中 $C_{围护}$ 为 1.0，$C_{换气}$ 为 2.81。采用这一公式计算与 DOE-2 比较的结果如表 4.2-2。

验证建筑采用公式计算和 DOE-2 计算的结果比较   表 12

参　数	改变前 (kW·h/m²·y)	改　变　后			
		简化公式计算结果		DOE-2 计算结果	
窗遮阳系数 0.9→0.5	DOE-2：79.12 简化公式：79.49	65.87	82.9%	65.66	83.0%
墙吸收系数 0.7→0.5		73.19	92.1%	72.15	91.2%
屋面吸收系数 0.7→0.5		78.36	98.5%	76.72	97.0%
墙传热系数 2.47→1.18		68.00	85.5%	69.75	88.2%
屋面热系数 1.42→0.383		76.59	96.4%	76.72	97.0%

从比较的结果看,改变窗的遮阳系数与 DOE-2 的计算结果一致。改变屋面和墙体的有关参数时,计算有一定误差。对外表面太阳辐射吸收系数的影响而言,公式计算的结果略微偏小;对传热系数而言,公式计算的结果略微偏大。但就整体的能耗而言,这种误差并不大。

在基础能耗建筑的计算中也有这个现象,见表 13。

基础能耗建筑采用公式计算和 DOE-2 计算的结果比较　　表 13

参　　数	改变前 (kW · h/m² · y)	改　变　后			
		简化公式		DOE-2	
窗遮阳系数 0.9→0.5	DOE-2: 60.43 简化公式: 60.33	46.79	77.6%	47.38	78.4%
墙吸收系数 0.7→0.5		55.97	92.8%	55.92	92.5%
屋面吸收系数 0.7→0.5		59.76	99.0%	59.36	98.2%
墙传热系数 2.47→1.18		52.40	87.0%	54.17	89.6%
屋面热系数 1.42→0.383		58.87	97.6%	59.58	98.6%

通过对比,可以得出如下结论:

a. 在考虑了换气的附加影响后,拟合公式的计算与 DOE-2 有很好的对应关系;

b. 对于与基础能耗建筑体型系数有很大不同的建筑,需要调整围护结构的总系数 $C_{围护}$,调整后也有很好的对应关系;

c. DOE-2 中屋面和墙体传热系数的影响没有公式中的大;

d. 采用相同体型建筑用本公式进行比较的方法是可行的。

4.3　围护节能设计指标控制的建议

从上面的计算分析可知,围护结构的能耗在总能耗中不是全部,而是占一定比例。但控制通过围护结构的能耗是建筑节能设计标准的主要目的。换气次数的影响、设备能效比的影响虽然也是建筑节能的重要内容,但对建筑主体节能而言则不是考虑的因素。

我们也引可入"对比评定法"作为围护结构节能率控制的方法。具体做法与美国关岛的标准基本相同,建议如下:

a. 采用假想的对比核算建筑；

b. 对比核算建筑与拟建建筑有相同建筑形式、相同建筑面积、相同外墙总面积、相同屋顶面积；

c. 对比核算建筑各朝向的开窗率与拟建建筑相同、且不大于该朝向外墙总面积的 40%；

d. 对比核算建筑围护结构的各项性能指标符合强制性的要求；

e. 拟建建筑的 *EPF* 值必须不超过对比核算建筑。

这一方法与美国关岛标准有着相似的优点。不同的是，本文提出的计算公式中包含了墙面太阳辐射吸收系数的影响，而且物理概念更加清楚，与围护结构的节能率相对应，并与 DOE-2 计算的结果基本一致。这样的计算控制方法非常简便，便于对围护结构节能的控制。

5. 结束语

透过基础住宅的能耗分析，围护结构节能 30% 是可行的。加上换气的控制和能效比的提高，可以达到整体节能 50% 的目标。

节能建筑的能源消耗并没有绝对指标，只有相对于某一时期建筑的节能率。提高节能率的目的不是减少绝对能源的消耗，而是减少相对能源的消耗。绝对能源的消耗在发展过程中注定是会上升的。所以节能是相对的，绝对控制指标的实际意义不大。

南方建筑采用绝对控制指标实际上会提出体型限制，因而不符合南方建筑需要通风、遮阳的建筑风格。采用相对指标控制最为适宜，因为这样可以控制建筑的相对节能率。

建筑的种类、体型的不同，其能耗会有较大的区别。因而寻求相对的控制指标，使不同种类的建筑有着基本相同的节能率才是我们真正的目的。

本文参考美国关岛标准提出的节能指标控制方法在理论上是合理的，物理概念清楚，形式简单，非常方便操作，计算公式也达到了应有的精度。

对比评定法在美国已经普遍采用，本文提出的方法正是建立在此思想上。这样，不同形式的住宅有不同的能耗值，但有基本相同的节能率。这样限定比较合理，可以真正体现节能建筑的节能效果。

由于并不是所有的城市都有齐全的气象数据，因而全部采用DOE-2计算是有困难的。即使有齐全的气象统计，最后的计算气象参数也只能靠DOE-2之类的程序进行拟合。这样，不如不让气象数据参与到指标中。这一做法好处是不需要太多的表格，也不需要所有地区的气象数据，使用者非常简便。

致谢：本文所有采用DOE-2的计算都是通过中国建筑科学研究院建筑物理研究所林海燕所长编制的DOE-2接口程序进行的。林所长在本文的计算中提供了很大的帮助，解决了很多疑难问题，在此表示衷心的感谢！

杨仕超　广东省建筑科学研究院　副总工程师　邮编：510500

建筑围护结构总传热指标
OTTV 研究与应用

任　俊　刘加平　孟庆林

【摘要】　本文参照许多国家采用的 OTTV 计算方法，提出我国建筑围护结构总传热指标（OTTV）方程，并通过计算机模拟计算，得出 OTTV 计算需要的参数，并可以进一步推算建筑物耗冷量指标等节能参数。本文还通过典型算例进行 OTTV 计算对比分析。此种 OTTV 指标可用于夏热冬冷和夏热冬暖地区建筑节能设计和审核。

关键词：围护结构总传热指标（OTTV）　等效温差　外遮阳系数

我国在 20 世纪 80 年代，颁布了第一部建筑节能设计标准，针对北方寒冷地区的气候特征，运用稳态传热的原理计算建筑物耗热量指标，对不同朝向太阳辐射的影响，则用传热系数的修正系数进行修正。在夏热冬冷地区，围护结构受室外动态温度和太阳辐射热的综合作用，显然不能采用稳态计算的原理，在《夏热冬冷地区居住建筑节能设计标准》（JGJ 134—2001）中，规定采用动态方法计算围护结构传热。

对于夏热冬暖地区，在围护结构传热方面与夏热冬冷地区有相似之处。但动态计算方法涉及较深的传热学原理、复杂的计算工具（程序）及繁琐的输入过程，因此有必要在动态计算方法的基础上，寻求一种简化的计算方法，以适应实际的节能设计和审核的需要。为此，参照许多国家采用的围护结构总传热指标 OTTV (Overall Thermal Transfer Value)，提出了我国的 OTTV 计算体系。

1. OTTV 发展历史

美国采暖通风与空调协会 (ASHRAE) 最早提出 OTTV 的概念并采用在节能设计标准中。在亚洲，新加坡最先采用 OTTV 标准，依据 ASHRAE 标准 90—75 和 90—80A，结合新加坡的气候条件和工程实际。20 世纪 80 年代到 90 年代初东南亚联盟的一些国家，如印度尼西亚、马来西亚、菲律宾和泰国也参照新加坡的形式，制定了自己的建筑节能标准，同时，在中美洲的如牙买加、西非的科特迪瓦(象牙海岸)也使用 OTTV 作为节能设计的标准。由此可见，OTTV 这种简化的模式更适合于发展中国家作为节能标准。

各国 OTTV 标准的比较见表 1。

一些国家和地区 OTTV 标准的比较　　　　表 1

	新加坡	马来西亚	泰国	菲律宾	牙买加	香港
城市	新加坡	吉隆坡	曼谷	马尼拉	金斯敦	香港
纬度	1°20'N	3°7'N	13°41'N	14°35'N	17°56'N	22°18'N
使用年代	1979	1989	1992	1993	1992	1995
性质	强制	自愿	强制	自愿	强制	强制
立面 OTTV 控制指标 (W/m²)	45	45	45	48	55.1-67.7	塔楼:35 裙楼:80
屋面 OTTV 控制指标 (W/m²)	45	25	25		20	
立面等效温差(K)	10—15	19.1α	9—18	12.65α (办公室) 5.4α (旅馆)	随 α 变化	1.4-7.5
屋面等效温差(K)	16—24	16—24	12—32		随 α 变化	7.9-18.6

	新加坡	马来西亚	泰国	菲律宾	牙买加	香港
立面温差(K)	5	不计	5	3.35 (办公室) 1.10(旅馆)	随位置变化	不计
屋面温差(K)	5	不计	5		随位置变化	不计
立面平均太阳辐射强度 (W/m²)	130	194	160	161(办公室) 142(旅馆) 151(商店)	372	160
屋面平均太阳辐射强度 (W/m²)	320	488	370		435	264
是否考虑遮阳设施	是	是	是	否	是	是
是否考虑日照	否	是(10% 或20%)		是(10%)	是(7.5% 或30%)	否

2. OTTV 计算原理与方程

2.1 计算原理

建筑围护结构的传热十分复杂,一方面,包括围护结构表面的吸热、放热和结构本身的导热三个基本过程,而这些过程又涉及导热、对流和辐射三种基本传热方式;另一方面,由于室外空气温度和太阳辐射强度等气象条件随季节和昼夜不断变化,室内空气温度和围护结构表面的热状况也随室内用具、空气调节的形式和运行条件而不断变化,因此,通过围护结构的传热量是随时间变化的。

围护结构动态传热计算法很多,我国采暖设计规范采用的是反应系数法。反应系数法是先计算围护结构内外表面温度和热流对一个单位三角波温度扰量的反应,计算出围护结构的吸热、放热和传热反应系数,然后将任意变化的室外温度分解成一个个可叠加的三角波,利用导热微分方程可叠加的性质,得到任意一个时刻围护结构表面的温度和热流。

美国劳伦斯伯克力国家实验室开发的 DOE-2 软件,就是采用反应系数法计算建筑物的采暖空调负荷及耗电量的程序。OTTV 要建立一种简化的计算方式,必须建立在动态模拟分析的结果之上。

2.2　OTTV 方程

围护结构总传热量指标 OTTV,W/m^2,可以表达为:

$$OTTV = \frac{Q_o}{F} \quad W/m^2 \tag{1}$$

其中　建筑围护结构总的传热量:

$$Q_o = Q_w + Q_f + Q_r \quad W \tag{2}$$

建筑围护结构传热面积:

$$F = F_w + F_f + F_r \quad m^2 \tag{3}$$

Q_w——外墙传热量,W;

$$Q_w = \Sigma(F_w \times K_w \times \rho_w \times \Delta t_{EQW}) \tag{4}$$

Q_f——窗户传热量,W;

$$Q_f = \Sigma(F_f \times K_f \times \Delta t_E) + \Sigma(F_f \times SC \times ESC_k \times I_{w.k}) \tag{5}$$

Q_r——屋面传热量,W;

$$Q_r = \Sigma(F_r \times K_r \times \rho_r \times \Delta t_{EQr}) \tag{6}$$

外墙、窗户、屋面的传热均包含了温差传热和太阳辐射的影响。

式中　F_w——外墙的面积,m^2;

F_f——外窗的面积,m^2;

F_r——屋面的面积,m^2;

Δt_E——室内外温差,℃,取当地室外最热月平均温度与室内设计温度(26℃)的差;

K_w——外墙的传热系数,$W/(m^2 \cdot K)$;

K_f——外窗的传热系数,$W/(m^2 \cdot K)$;

K_r——屋面的传热系数,$W/(m^2 \cdot K)$;

ρ_w——墙面的太阳辐射吸收系数;

ρ_r——屋面的太阳辐射吸收系数；

传热系数、太阳辐射吸收系数均与材料性质有关。

Δt_{EQw}——当地各朝向墙面等效温差（℃），考虑了太阳辐射热的影响，与材料的质量密度、在墙面的朝向，并与室内外温度有关；

Δt_{EQr}——当地屋面等效温差（℃），按水平方向考虑，考虑了太阳辐射热的影响，与材料的质量密度及室内外温度有关；

SC——窗的遮阳系数，选用窗的太阳辐射照度与标准窗玻璃太阳辐射照度的比值；

$I_{w.k}$——当地各朝向透过标准窗玻璃的太阳辐射照度（W/m^2）；

ESC_k——当地各朝向外遮阳系数。

由以上分析可以得知，要得到建筑的OTTV，其关键是要得到等效温差、外遮阳系数、标准窗玻璃的太阳辐射照度等参数。

2.3 建筑耗冷量指标

在得到建筑物的OTTV后，既可以比较围护结构的保温隔热性能，还可以进一步推算建筑物耗冷量指标等节能参数。

建筑耗冷量指标是按照夏季室内热环境设计标准和设定的计算条件，计算出的单位建筑面积在单位时间内消耗的需要由空调设备提供的冷量。众所周知，建筑耗冷量指标是逐时变化的，为了使用上方便，参照《夏热冬冷地区居住建筑节能设计标准》（JGJ 134—2001）的规定，用DOE-2模拟分析，取一年中最热月（7月）的耗冷量除以该月的小时数和建筑面积所获得的值作为建筑耗冷量指标。

建筑耗冷量指标（W/m^2）：

$$q = \mu \times (q_0 + q_i + q_l + q_a)$$

式中　q_0——围护结构得热指标，W/m^2，

$$q_0 = \frac{Q_0}{F_0} \tag{8}$$

围护结构得热量 Q_0 由式（1）可得，F_0 为建筑面积。

q_i——内热源，W/m^2，室内人员、炊事和视听设备等得热，对卧室和起居室，参照文献 [1]，显热按 $4.3W/m^2$ 取值。

q_1——室内照明得热，W/m^2，参照文献 [1] 按 $0.59W/m^2$ 取值。

q_a——空气渗透得热，W/m^2，由文献 [3]

$$q_a = \frac{L_a c \rho \Delta T_E}{3.6 A_0} \tag{9}$$

L_a——进入房间的室外空气量，m^3/h，

$$L_a = nV \tag{10}$$

n——换气次数，$1/h$，节能前取 $1.5\ 1/h$，节能后取 $1.0\ 1/h$；

V——换气体积，m^3；

c——室外空气比热容，取 $1.01kJ/(kg \cdot ℃)$；

ρ——室外空气密度，kg/m^3，

$$\rho = \frac{353.2}{Te} \tag{11}$$

t_E——最热月室外平均温度，K，为简化计算，广州、福州、南宁三地取平均值，$301.5K$，则 $\rho = 1.17kg/m^3$。

根据以上分析，由式（11）

$$q_a = 0.328 \times n \times H \times \Delta t_E \tag{12}$$

式中 H——建筑物高度，m，简单计算中取层高与楼层的乘积；

μ——空调面积占总建筑面积的比例，计算中一般取 0.6。

根据以上分析，由式（8）

$$q = \mu \times \left(\frac{Q_0}{A_0} + 4.89 + 0.328 \times n \times H \times \Delta t_E \right) \tag{13}$$

2.4 年空调总负荷指标

围护结构空调期平均传热量系数 k：以 7 月为基准，全年空调期各月围护结构的传热量与 7 月围护结构传热量的比值。

则年空调总负荷指标 Q (kWh/m²)：

$$Q = 0.024 \times D \times \mu \times \left(\frac{\Sigma k \times Q_i}{F} + 4.89 + 0.328 \right.$$

$$\left. \times n \times H \times \Delta t_E \right) \tag{14}$$

式中　D——空调期天数。

2.5　年空调耗电量

由空调能效比的定义，可以推算出年空调耗电量，年空调耗电量 (kWh/m²)：

$$Ec = \frac{Q}{COP} \tag{15}$$

式中　COP——空调能效比。

3. 模拟分析

设定 OTTV 是 7 月围护结构得热的平均值，所以 OTTV 计算用到的参数，除最热月平均温度 t_E 取自《民用建筑热工设计规范》(GB 50176—93) 外，其他参数均为采用建筑模型通过 DOE-2 模拟计算后分析得到的 7 月平均值，本项研究设定条件为：

➤ 室内设计温度为 26℃；

➤ 遮阳板宽同窗口宽度；

➤ 垂直遮阳时，两边对称；

3.1　计算模型

本项研究是设计了一个建筑模型，采用 DOE-2 进行模拟计算，对数据进行分析处理，得到等效温差、外遮阳系数和透过窗的标准太阳辐射得热等参数，计算模型要考虑到八个方向，分别代表北 (N)、东北 (NE)、东 (E)、东南 (SE)、南 (S)、西南 (SW)、西 (W)、西北 (NW)。

3.2　等效温差计算

选取夏热冬暖地区四种典型外墙构造及三种典型屋面构造（见图 1），这些构造的计算参数见表 2。

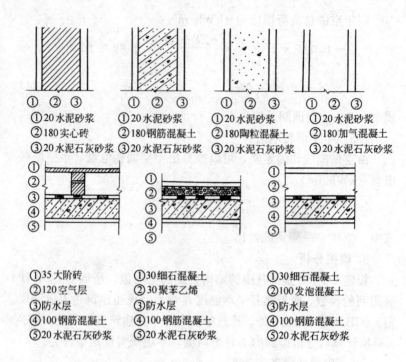

图 1 计算用典型外墙和屋面构造

典型构造计算参数 表 2

序 号	构 造 形 式	传热系数 (W/ (m² · K))	面密度 (kg/m²)
1	180 加气混凝土	0.845	162
2	180 陶粒混凝土	1.736	270
3	180 粘土实心砖	2.18	171
4	180 钢筋混凝土	2.941	520
5	架空屋面	2.084	358
6	30 聚苯乙烯	0.935	359
7	50 发泡混凝土	1.183	408

在模拟计算时，外表面太阳辐射吸收系数 ρ 取 1.0。用 DOE-2 分别计算各个朝向通过墙体的传热及屋面，在已知墙面和屋面面积、传热系数的情况下，由式（4）可以推算出八个朝向及屋面的等效温差。

$$\Delta t_{EQW} = \frac{Q}{F \times K} \tag{16}$$

式中 Q——墙面或屋面的传热量，W。

3.3 透过标准窗玻璃的太阳辐射照度计算

窗选用通常 1500mm×1500mm 的标准窗，设采用标准窗，SC ＝1.0，用 DOE-2 计算通过标准窗的太阳辐射得热，除以窗面积得到当地标准太阳辐射得热：

$$I_{w.k} = \frac{Q}{F} \tag{17}$$

式中 Q——通过标准窗的太阳辐射传热量，W。

3.4 外遮阳系数计算

计算外遮阳系数需要先求出遮阳尺寸比。遮阳尺寸比按水平遮阳与垂直遮阳而不同，见图 3。

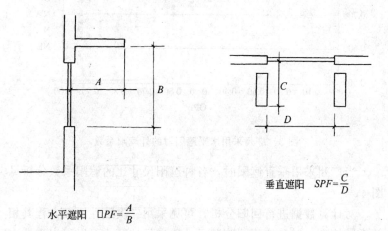

垂直遮阳 $SPF = \dfrac{C}{D}$

水平遮阳 $PF = \dfrac{A}{B}$

图 2 遮阳尺寸比示意图

对水平遮阳、垂直遮阳按其伸出窗边的距离与其的比值分别计算透过窗的太阳辐射传热，再与标准太阳辐射传热相比，求出外遮阳系数。

遮阳对减少窗户太阳辐射的影响计算是一个十分复杂的过程：太阳辐射在各个朝向随时间而变化，遮阳在窗上的阴影面积也随时间而变化。现设定计算 7 月，求出各种遮阳尺寸比的太阳辐射得热量，由式（5）：

$$ESC_k = \frac{Q}{F \times I_{w.k}} \qquad (18)$$

当广州采用水平遮阳时，各种遮阳尺寸比的遮阳系数分析见图 3。

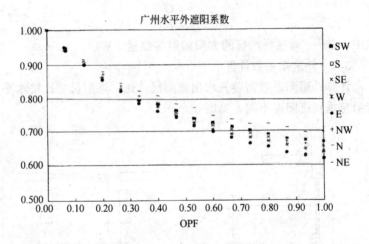

图 3　广州采用水平遮阳时的外遮阳系数

当广州采用垂直遮阳时，各种遮阳尺寸比的遮阳系数分析见图 4。

对计算数据进行回归分析，可见采用二次线性回归方程其相关系数较高，对各地不同遮阳尺寸比进行计算，可以得出当地水平遮阳和垂直遮阳时的外遮阳系数方程见式（19），

$$ESC_k = a \times PF^2 + b \times PF + 1 \qquad (19)$$

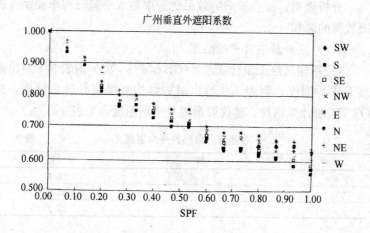

图 4　广州采用垂直遮阳时的外遮阳系数

　　为了对比研究，以广州为代表，选取窗宽与高相等，水平及垂直遮阳伸出也相等的综合遮阳进行计算，得到综合遮阳时外遮阳系数见图5。

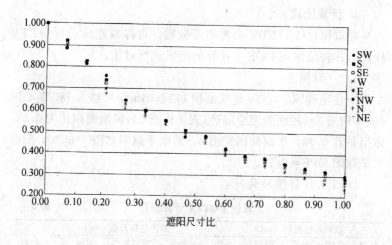

图 5　综合遮阳外遮阳系数

分析表明，综合遮阳的效果优于单独水平遮阳与单独垂直遮阳效果的总和。

3.5 室外最热月平均温度

《民用建筑热工设计规范》(GB 50176—93)附表 3.1 给出最热月平均温度，附表 3.2 给出围护结构夏季室外计算温度，按 OTTV 的计算原理，建议取最热月平均温度，见表 3。

各地室外最热月平均温度 T_e　　　　表 3

序　号	城　市	t_E（℃）
1	广州	28.4
2	福州	28.8
3	南宁	28.3

3.6 围护结构空调期平均传热量系数

由前文可知，围护结构空调期平均传热量系数是以 7 月为基准，全年空调期各月围护结构的传热量与 7 月围护结构传热量的比值，通过 DOE-2 模拟计算，得到空调期内各月外墙、屋面、窗传热与辐射得热的空调期平均传热量系数。

4. 计算比较

在取得计算 OTTV 必要的参数后，可以对建筑进行 OTTV 计算，并将结果与 DOE-2 计算的结果进行对比。

4.2 算例 1

一住宅建筑，六层，建筑面积 1778.04m² ，外墙为 180 实心砖（表 1 构造 3），屋面为架空隔热（表 1 构造 5），窗墙面积比为 0.14，体型系数 0.38。平面简图见图 6。窗水平遮阳 OPF＝0.20，阳台水平遮阳 OPF＝0.71。

OTTV 计算结果见表 4。

算例 1 OTTV 计算分析　　　　表 4

朝向	围护结构面积（m²）			围护结构传热（W）				
	外墙	外窗	屋面	外墙	外窗	窗辐射热	屋面	总得热
东	327.96	17.64		6785.461	135.4752	1377.783		8298.719
北	423.36	105.84		7593.247	1625.702	3025.783		12244.73

朝向	围护结构面积（m²）			围护结构传热（W）				
	外墙	外窗	屋面	外墙	外窗	窗辐射热	屋面	总得热
西	327.96	17.64		5920.274	135.4752	496.1155		6551.864
南	423.36	105.84		7024.28	1625.702	3059.175		11709.16
小计	1502.64	246.96	296.34	27323.26	3522.355	7958.856	6663.826	45468.3
建筑 OTTV（W/m²）				22.22				

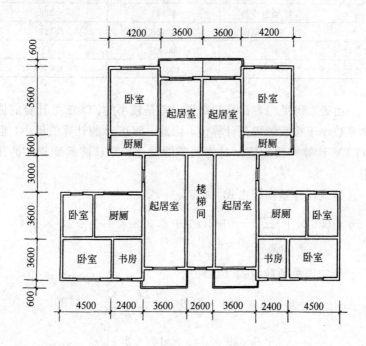

图 6 算例 1 简化平面图

OTTV 与 DOE-2 计算结果的比较见表 5。

算例 1 OTTV 与 DOE-2 计算比较　　　　　　表 5

	OTTV 计算结果	DOE-2 计算结果
传热系数 W/（m²·K）		
外墙	2.37	2.18

	OTTV 计算结果	DOE-2 计算结果
窗	6.4	5.908
屋面	2.31	2.578
7 月围护结构传热 MWh		
外墙	20.328	17.884
窗传热	2.621	3.342
窗辐射传热	5.921	5.328
屋面	4.958	4.557
合计	33.828	31.111
比较	108.7%	100%

由表 5 可见二者计算的结果误差是较小的，DOE-2 计算的传热系数小于按我国规范计算值，因此，DOE-2 的计算值稍小，但 OTTV 计算方便简捷，对建筑节能设计和审核能起到较大的作用。

建筑耗冷量指标由式（13）

$$q = 0.6 \times \left(\frac{45468.3}{1778.04} + 4.89 + 0.328 \times 1.5 \times 18 \times 2.4 \right)$$

$$= 31.03 \text{W/m}^2$$

年空调总负荷由式（14）：

$$Q = 0.024 \times 184 \times 0.6 \times \left(\frac{\Sigma k \times Q_0}{1778.04} + 4.89 \right.$$

$$\left. + 0.328 \times 1.5 \times 18 \times 2.4 \right)$$

$$= 0.024 \times 184 \times 0.6 \times (19.98 + 26.14)$$

$$= 122.21 \text{ kWh/m}^2$$

空调设备额定能效比取 2.3，由式（15）年空调耗电量：

$$EC = \frac{122.21}{2.3} = 53.14 \text{ kWh/m}^2$$

4.2 算例 2

条形建筑，六层，建筑面积 1268.52m²，外墙为 180 实心砖

（表 1 构造 3），屋面为架空隔热（表 1 构造 5），窗墙面积比为 0.19，体型系数 0.29。平面简图见图 7。窗水平遮阳 $OPF=0.2$。

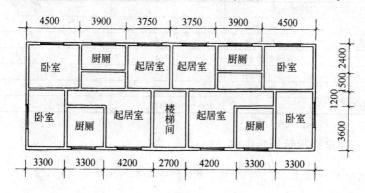

图 7　算例 2 简化平面图

OTTV 计算见表 6。

算例 2 OTTV 计算分析　　　　表 6

朝向	围护结构面积（m²）			围护结构传热（W）				
	外墙	外窗	屋面	外墙	外窗	窗辐射热	屋面	总得热
东	128.16	18		2579.32	276.48	783.6264		3639.427
北	300.24	108		5290.358	1658.88	3530.226		10479.46
西	128.16	18		2313.521	276.48	632.8206		3222.821
南	318.24	90		5280.156	1382.4	2574.974		9237.53
小计	874.8	234	211.41	15463.36	3594.24	7521.647	4725.594	31304.84
建筑 OTTV（W/m²）				23.71				

OTTV 与 DOE-2 计算结果的比较见表 7。

算例 2 OTTV 与 DOE-2 计算比较　　　表 7

传热系数 W/m²·K	OTTV 计算结果	DOE-2 计算结果
外墙	2.37	2.18
窗	6.4	5.908
屋面	2.38	2.578

	OTTV 计算结果	DOE-2 计算结果
7 月围护结构传热 MWh		
外墙	11.505	11.557
窗传热	2.674	3.337
窗辐射传热	5.774	6.053
屋面	3.516	2.381
合计	23.469	23.328
比较	100.6%	100%

建筑耗冷量指标由式（13）

$$q = 0.6 \times \left(\frac{31304.84}{1268.52} + 4.89 + 0.328 \times 1.5 \times 18 \times 2.4 \right)$$

$$= 28.63 \quad W/m^2$$

年空调总负荷由式（14）：

$$Q = 0.024 \times 184 \times 0.6 \times \left(\frac{24232}{1268.52} + 4.89 \right.$$

$$\left. + 0.328 \times 1.5 \times 18 \times 2.4 \right)$$

$$= 0.024 \times 184 \times 0.6 \times (19.98 + 26.14)$$

$$= 119.88 \quad kWh/m^2$$

空调设备额定能效比取 2.3，由式（15）年空调耗电量

$$EC = \frac{119.88}{2.3} = 52.12 \quad kWh/m^2$$

DOE-2 计算结果为 47.22kWh/m²。

算例 2 DOE-2 与 OTTV 计算的误差小于算例 1，可以认为算例 1 平面复杂，DOE-2 计算考虑了围护结构相互的遮挡，而 OTTV 没有考虑这个因素。

6. 与香港 OTTV 的比较

本文 OTTV 方程与香港的 OTTV 方程相比存在如下差异：

6.1 在香港的 OTTV 方程中玻璃的温差传热被忽略，而计算分析表明，窗的温差传热占窗得热的 30% 左右，如果忽略，会产生较大误差。本文 OTTV 方程加入了玻璃温差传热的影响。

6.2 香港的OTTV方程计算中考虑混凝土梁、柱的热桥作用，而分析表明这部分热桥的影响不大，若考虑则增加了计算复杂程度，此外DOE-2也没有考虑梁柱热桥影响。

6.3 香港的OTTV方程对各种质量面密度的等效温差取值不同，经过分析，在常用构造情况下，只有对面密度很小的高效保温隔热材料填充构造，要考虑等效温差的影响，其他构造可以忽略这种影响。

7. 结论

7.1 夏季建筑围护结构传热是动态过程，应以典型月的指标作为评价依据，建议将7月作为夏季的计算月份。

7.2 OTTV指标简明易懂，通过DOE-2模拟计算处理得到当地的等效温差、标准太阳辐射传热、外遮阳系数可以作为各地计算OTTV的依据。

7.3 OTTV指标反映围护结构的传热程度，建议在夏热冬暖地区的居住建筑节能设计标准中采用OTTV，夏热冬冷地区也可以考虑采用OTTV进行围护结构的传热与节能计算。

参 考 文 献

1. 夏热冬冷地区居住建筑节能设计标准 JGJ 134—2001
2. 采暖通风与空气调节设计规范 GBJ 19
3. 彦启森、赵庆珠.建筑热过程
4. Building Department，Code of Practice for Overall Thermal Transfer Value in Buildings 1995
5. ASHRAE STANDARD，Energy Standard for Buildings Except Low-Rise Residential Buildings，90.1-1999
6. San C. M. Hui，Overall Thermal Transfer Value (OTTV)：How to Tmprove Its Control in Hong Kong
7. Jenny Ng，Difference Between OTTV and ETTV

任　俊　广州市建筑科学研究院　院长助理　教授级高工
邮编：510030

广州地区居住建筑空调全年能耗及节能潜力分析

冀兆良　　李树林　　朱纪军　　邹　源

【摘要】　一栋建筑全年空调能耗既与设计负荷有关，也与全年气候条件有关。有些地区设计负荷很大，但炎热气候时间不长，空调全年能耗小；有些地区空调设计负荷不大，但气候炎热时间长，空调运行时间长，全年能耗大。夏热冬暖区域的广州地区就属于这种情况。因此，本文利用现有广州地区全年气象参数统计表，通过对典型住宅建筑全年能耗分析计算，揭示出其能耗现状，并指出通过围护结构热工参数改善、室内设计参数优化及空调器能效比 *EER* 的提高，使广州地区居住建筑空调全年耗电量节约 50% 是可行的。

关键词：广州地区　居住建筑　BIN 法　空调能耗　节能 50%

BIN（temperature frequency）法是美国 ASHRAE HANDBOOK FUNDAMENTALS 1985 推荐的一种全年能耗计算方法[1][2][3]，它假定围护结构负荷和新风负荷与室外干球温度呈线性关系，统计室外温度在各温度段出现的频率（小时数），计算在不同室外干球温度下的负荷值，然后进行累加计算求得全年负荷或季节负荷。使用 BIN 法评价建筑空调能耗，首先需要该地区的 BIN 气象数据。文献 2 以 1℃ 间隔整理得到广州 BIN 气象参数，用三点拉格朗日插值法获得了 8760h 的逐时气温值。

1. 典型居住建筑全年空调能耗分析

1.1 典型房间描述

通过选择比较及考虑到广州地区人均居住面积的实际情况，本文选择广州市翠庭标准层一套三房两厅两卫住宅。该住宅坐北朝南，有三面外墙，分别朝南向，北向和西向。围护结构概况如下：

室内面积 87.31m²，建筑层高 3.0m；

外墙为 180 厚灰沙砖墙，传热系数 2.7W/（m²·K）；

外窗为普通 3mm 单层玻璃铝合金窗，不考虑内遮阳，传热系数 6.4W/（m²·K），遮阳系数 1.0。

各朝向围护结构面积及窗墙比如表 1 所示。

各朝向围护结构面积及窗墙比 表 1

结 构	南 向	北 向	西 向	合 计
窗（m²）	13.43	2.89	6.12	22.44
墙（m²）	15.67	14.195	21.78	51.645
窗墙比	0.46	0.17	0.22	0.30

计算中只考虑外围护结构的空调冷负荷，忽略隔墙传热负荷。厨房卫生间为非空调面积，因此实际空调面积约 68.61m²。

1.2 空调参数确定

室内空调设计参数的选择对空调能耗大小至关重要，也是影响室内热舒适的重要因素。对住宅建筑热舒适的研究表明[6]：空气温度对人体热感觉的影响最显著，其次是平均辐射温度和风速，相对湿度对人体热感觉的影响最弱。另一方面，空调设计参数优化研究表明[5]：室内空气温度对人的热舒适感影响很大，但是对空调能耗的影响相对较小；相对湿度对人的热舒适感影响很小，但是对空调能耗的影响很大。因此在确定室内设计参数时，温度可以低一点，湿度可以高一些。一般而言，住宅建筑室内气温控制在 26～28℃时，室内环境是比较舒适的，比过去采取自然通风是一个飞跃。我国《旅馆建筑设计规范》中二级客房夏季设计参数为[5]：空气温度 25～26℃，相对湿度 55%～65%，新风量每人每小时 40m³。《夏热冬冷地区居住建筑节能设计标准》和《上海市住宅建筑节能设计标准》规定：室内温度 26℃，换气次数取 1，对相对湿度没有规定。因此，本文参考相应的空调设计参数，并考虑到广州地区气候特点，确定空调室内设计参数如下：

室内空气干球温度 26℃；

新风量取换气次数 1；

相对湿度 60%；

内热源 3.8W/m²；

1.3 空调运行时间及空调能效比 EER

对于普通居住建筑，室内负荷很小，一般情况下当室外气温低于室内温度时，采取以自然通风解决热舒适问题。《夏热冬冷地区居住建筑节能设计标准》是以保证室内主要居室夏季 26℃来确定空调开始时间；《上海地区居住建筑节能设计标准》以日平均温度大于 26℃为空调开始时间。本文取空调时间为：当室外空气干球温度高于室内温度设定值 26℃时开启空调。这样的约定基本能满足室内舒适要求，也能减少空调能耗。由于空调负荷中有一部分是太阳辐射和室内热源导致的负荷，以上约定可能导致在某些时刻室内温度高于 26℃；如果一定要满足室内 26℃的温度条件，则通过计算可以发现当室外空气干球温度大于 20℃左右时，就必须开启空调。以上两种情况中，我们认为第二种情况不太符合普通居住建筑空调现状，按照室外温度是否大于 26℃确定空调时间更能符合实际情况。

空调能效比对全年用电量影响很大，本文按合格空调器要求取 2.2。

1.4 能耗计算

1）太阳辐射冷负荷

$$QSOL = -0.700T + 31.553 \qquad (1)$$

2）稳定传热冷负荷

$$QT = 4.126T - 107.266 \qquad (2)$$

3）墙体不稳定传热冷负荷

$$QTS = -0.089T + 5.29 \qquad (3)$$

4）室内负荷

影响室内负荷的随机因素很多，为便于计算和分析比较，本文对室内得热按定值对待，参考夏热冬冷地区及上海住宅建筑节能标准取 3.8W/m²。由于厨房和卫生间一般都安装排气装置，热湿负荷对室内环境影响不大，因此不考虑厨房和卫生间负荷。

5）新风冷负荷

只要确定新风量就可以计算新风负荷。当换气次数取每小时一次时，新风体积为 68.61×3≈206m²。因此，新风冷负荷为

$$QF = 68.61 \frac{\sum_{i=1}^{k} (h_i - h_n)}{A_f} \qquad (4)$$

6）围护结构与室内负荷总冷负荷

$$QE = 3.337T - 66.616 \qquad (5)$$

7）房间总冷负荷

$$QC = QE + QF \qquad (6)$$

8）计算结果分析

通过对典型居住建筑全年空调冷负荷计算，表明了其全年空调能耗大小和能耗特点，具体参数见表2、表3及图1。

典型居住建筑全年空调能耗计算表 ［Wh/（m²·a）］ 表2

干球温度（℃）	出现小时（h）	QSOL	QT	QTS	QF	QE	QC
26.5	610	7931.8	1258.1	1790.7	8735.2	13305.0	22040.2
27.5	637	7837.0	3941.4	1813.2	11415.0	16019.6	27434.6
28.5	511	5929.1	5269.7	1409.1	10342.6	14556.1	24898.7
29.5	355	3870.6	5125.3	947.3	8282.2	11297.0	19579.1
30.5	266	2714	4937.6	686.2	6346.8	9352.4	15699.2
31.5	190	1805.6	4310.6	473.2	4780.4	7314.3	12094.7

147

干球温度 （℃）	出现小时 （h）	QSOL	QT	QTS	QF	QE	QC
32.5	150	1320.5	4021.9	360.2	3778.5	6275.0	10053.5
33.5	77	623.9	2382.2	178.1	2099.0	3478.1	5577.1
34.5	35	259.1	1227.2	77.8	990.5	1697.8	2688.3
35.5	4	26.8	156.8	8.5	125.6	207.4	333.0
合计	2835	32318.4	32630.8	7744.3	56895.8	83502.7	140398.6

典型居住建筑各项能耗百分比（%）　　表 3

类　　型	墙　体	外窗辐射	外窗传热	室内负荷	新风负荷
百分比	17.0	23.0	11.8	7.7	40.5

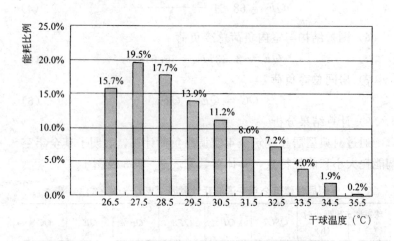

图 1　不同室外干球温度下空调全年能耗比例

计算及分析表明：

①典型居住建筑全年耗冷量 140398.6Wh/（m² · a），即每平方米全年空调冷耗 140.4kWh，如果空调 *EER* 按 2.2 取值，则每平方米全年耗电量 63.82kWh。这一数值比夏热冬冷地区节能建

筑空调年耗电量高出1~4倍,一方面说明广州地区气候炎热时间长,同时也说明该地区空调能耗很大,节能潜力也很大。

②围护结构空调全年能耗(除渗透风外)占空调房间总能耗的51.8%,室内负荷全年能耗仅占总能耗的7.7%,这一点说明住宅建筑空调能耗与商业建筑的差异。一般商业建筑全年空调能耗中,外围护结构能耗占房间总能耗的15%~21%,而居住建筑室内负荷全年能耗很小,外围护结构能耗占房间总能耗的一半以上。

③外墙全年空调能耗为23.8kWh/(m²·a),占空调总能耗的17.0%,其热工性能有待提高。

④外窗日射负荷占23.0%,传热负荷占11.8%,窗辐射和传热负荷共占34.8%。这说明南方建筑外窗同我国其他地方一样,也是能耗最大的部位,其热工性能急待提高,而遮阳更是重点。

⑤新风全年能耗约56.9kWh/(m²·a),占全年总能耗40.5%。因此对新风量取值的研究应该引起重视。

2. 围护结构热工性能对空调全年能耗的影响

前文详细计算了以180灰沙砖为外墙,以普通铝合金窗为外窗的典型住宅全年空调能耗。为得出广州地区住宅建筑节能潜力,本节作对比计算。在对比计算中不改变围护结构的建筑尺寸、朝向等,仅改变外围护结构材料(即改变热工性能)。这样就能分析围护结构热工性能对广州地区全年空调能耗影响的大小。

对比示例1:240粘土实心砖墙,双面抹灰,传热系数1.99W/(m²·K);5mm绿色吸热玻璃塑料窗,传热系数4.7W/(m²·K),遮阳系数0.76。

对比示例2:180加气混凝土墙,双面抹灰,传热系数1.16W/(m²·K);断热铝合金中空低辐射玻璃窗,传热系数2.4W/(m²·K),遮阳系数0.6。

对比示例1全年空调能耗计算结果及各类型能耗比例见表4、表5,对比示例2全年空调能耗计算结果及各类型能耗比例见表6、表7。

对比示例 1 全年空调能耗计算表〔Wh/（m² · a）〕　　表 4

干球温度 （℃）	出现小时 （h）	QSOL	QT	QTS	QF	QE	QC
26.5	610	6174.1	923.8	1316.7	8735.2	10583.8	19319.1
27.5	637	6114.2	2898.0	1333.1	11415	12604.6	24019.6
28.5	511	4637.6	3875.7	1035.8	10342.6	11356.7	21699.3
29.5	355	3036.1	3769.9	696.2	8282.1	8754.8	17036.9
30.5	266	2135.9	3632.1	504.2	6346.8	7208.2	13554.9
31.5	190	1426.2	3171.0	347.6	4780.4	5611.8	10392.1
32.5	150	1047.5	2958.7	264.6	3778.5	4795.9	8574.4
33.5	77	497.5	1752.5	130.8	2099.0	2649.5	4748.6
34.5	35	207.8	902.8	57.1	990.5	1289.6	2280.1
35.5	4	21.7	115.3	6.3	125.6	157.1	282.7
合计	2835	25298.6	23999.9	5692.4	56895.8	65012.1	121907.9

对比示例 1 各项能耗百分比（%）　　表 5

类　　别	墙体	外窗辐射	外窗传热	室内负荷	新风负荷
百分比	14.4	20.8	10.0	8.8	46.0

对比示例 2 全年空调能耗计算表〔Wh/（m² · a）〕　　表 6

干球温度 （℃）	出现小时 （h）	QSOL	QT	QTS	QF	QE	QC
26.5	610	4758.6	505.7	768.3	8735.2	8350.32	17085.52
27.5	637	4701.7	1584.2	777.9	11415.0	9484.13	20899.17
28.5	511	3557.1	2118.1	604.4	10342.6	8221.2	18563.84
29.5	355	2322.1	2060.1	406.3	8282.1	6137.29	14419.44
30.5	266	1628.2	1984.6	294.4	6346.8	4917.77	11264.53
31.5	190	1083.2	1732.6	202.9	4780.4	3740.63	8521.035
32.5	150	792.2	1616.6	154.4	3778.5	3133.09	6911.588
33.5	77	374.3	957.5	76.3	2099.0	1700.7	3799.715
34.5	35	155.4	493.4	33.4	990.5	815.033	1805.533
35.5	4	16.1	63.0	3.6	125.6	97.9454	223.5454
合计	2835	19388.8	13115.6	3321.9	56895.8	46598.1	103493.9

类　别	墙　体	外窗辐射	外窗传热	室内负荷	新风负荷
百分比	9.9	18.7	6.7	10.4	54.3

对比示例计算结果分析：

①对比示例 1 全年空调耗冷量 121.9kWh/（m² · a），全年空调耗电量 55.41kWh/（m² · a），比典型住宅节能 13.2％；对比示例 2 全年空调能耗 103.5kWh/（m² · a），全年空调耗电量 47.0kWh/（m² · a），比典型住宅节能 26.3％。

②在典型建筑、对比示例 1 及对比示例 2 中新风全年空调负荷所占比例分别为 40.5％，46.7％，55.0％，新风负荷在节能建筑中所占比例增大。因此，在满足人体卫生要求的前提下应该尽量减少新风量。

③外墙全年空调能耗在典型建筑、对比示例 1 及对比示例 2 中所占比例分别为 17.0％，14.4％，9.9％。可见墙体全年空调能耗在节能建筑中比例会下降，当墙体传热系数低于 1W/（m² · K）后，其节能效果已不明显。

④在典型建筑、对比示例 1 及对比示例 2 中窗辐射负荷比例分别为 23％，20.8％，18.7％；窗传热负荷分别为 11.8％，10.0％，6.0％；窗总负荷分别为 34.8％，30.8％，24.7％。改变外窗热工性能节能效果显著。

⑤在典型建筑、对比示例 1 及对比示例 2 中室内负荷所占比例分别为 7.7％，8.8％，10.4％，虽然占的比例比较小，但是表现的趋势是：节能建筑室内负荷比例将会提高。这一结论是在室内负荷不变的情况下得出的，当居民生活水平提高时，室内负荷比例将更大。

3. 其他参数对全年空调能耗的影响

3.1　空调 EER 的对全年耗电量的影响

空调 *EER* 对空调耗电量的影响 表8

类　别	空调耗电量 [kWh/（m² · a）]		对比原住宅节能率（%）
	EER=2.2	*EER*=2.7	
原住宅	63.82	52.00	18.5
示例1	55.41	45.15	29.3
示例2	47.0	38.3	40.0

当采用节能型空调器，*EER*=2.7时，空调全年耗电量及节能率如表8所示。由表可见，采用空调能效比2.7的节能型空调机，可以大大降低全年空调电耗。节能示例1和节能示例2总节能率分别达到29.3%和40.0%。

3.2　建筑层高对全年能耗的影响

减小层高可以减少外围护结构面积，从而减少空调能耗。通过对示例2的全年空调能耗计算可得：在不改变其他建筑参数时，将建筑层高从原3.0m降低到2.8m，全年空调耗冷量为98.9kWh/（m² · a），比原住宅节能29.6%；如果空调 *EER* 取2.7则节约空调耗电量42.7%。

3.3　外窗对全年能耗的影响

外窗面积大小对空调全年能耗影响很大。通过对示例2的全年空调能耗计算得到：在不改变其他建筑参数时，将外窗高度从1.7m减小到1.5m时，全年空调耗冷量为96.3kWh/（m² · a），比原典型建筑节能31.4%；如果空调 *EER* 取2.7则节约空调耗电量44.1%。

3.4　新风量对全年能耗的影响

新风量在居住建筑全年空调能耗中占很大比例，约50%左右。当层高为2.8m，换气次数取1时，新风量为192.108m³，约每人每小时48m³；当按人数选择新风量（按四人考虑），取2级客房水平时，新风量为160m³。由此计算得到新风全年空调能耗为44.2kWh/（m² · a），通过对示例2的计算可得总节能率为12.2%。

3.5 室内相对湿度影响

室内相对湿度对热舒适影响较小，当室内相对湿度由 60%增加到 65%时，室内热舒适几乎没有什么变化，但新风全年能耗却降低到 44.7kWh/（m²·a），对于示例 2 仅此一项可再节能 11.8%。

4. 广州地区居住建筑节能潜力分析

影响居住建筑空调全年能耗的参数众多，本节在上节分析基础上，提出节能住宅全年空调能耗量。

以原建筑为基础，节能住宅的概况如下：

建筑层高 2.8m；

外墙为 180 加气混凝土墙，双面摸灰，传热系数 1.16W/（m²·K）；

外窗用断热铝合金低辐射中空玻璃窗，传热系数 2.4W/（m²·K），遮阳系数 0.6，高度 1.5m；

室内温度 26℃，相对湿度取 65%；

新风量取每人每小时 40m³；

室内负荷取 3.8W/m²；

空调 EER 取 2.7。

由此计算全年空调能耗，结果见表 9。

节能型居住建筑全年空调能耗计算表［Wh/（m²·a）］　　表 9

干球温度 （℃）	出现小时 （h）	QSOL	QT	QTS	QF	QE	QC
26.5	610	4758.6	505.7	768.3	5277.6	7722.2	12999.8
27.5	637	4701.7	1584.2	777.9	7293.8	8777.2	16071.0
28.5	511	3557.1	2118.1	604.4	6772.6	7613.2	14385.8
29.5	355	2322.0	2060.0	406.3	5557.7	5686.5	11244.2
30.5	266	1628.2	1984.6	294.2	4274.0	4558.7	8832.6
31.5	190	1083.2	1732.6	202.9	3244.8	3468.9	6713.7
32.5	150	792.1	1616.5	154.4	2565.2	2906.6	5471.7

干球温度 (℃)	出现小时 (h)	QSOL	QT	QTS	QF	QE	QC
33.5	77	374.3	957.5	76.3	1440.7	1578.2	3018.9
34.5	35	155.4	193.2	33.3	683.2	756.57	1439.7
35.5	4	16.1	63.0	3.7	87.7	90.9	178.7
合计	2835	19388.8	13115.6	3321.9	37197.4	43159	80356.4

计算及分析:

节能居住建筑全年空调耗冷量为 80.4kWh/(m² · a),比原非节能居住建筑节约冷量 42.8%;全年空调耗电量为 29.8kW/(m² · a),比原非节能居住建筑节能 53.4%。

由以上分析可见,夏热冬暖地区居住建筑空调节能潜力很大,通过围护结构热工参数改善、室内设计参数优化及空调器能效比 EER 的提高,使广州地区居住建筑空调全年耗电量节约 50% 是完全可行的。

参 考 文 献

1. ASHRAE HANDBOOK 1985 FUNDAMENTALS. ASHRAE. 1985

2. 方一东 . 广州地区高层建筑空调冷负荷节能指标研究 . 西安建筑科技大学硕士学位论文 . 1998.3

3. 冀兆良 . 广州地区民用建筑节能技术研究与应用进展 . 建筑节能 . 第 33 期 . 2001

4. 李力 . 建筑能耗计算法的分析比较 . 重庆建筑大学学报 . 第 5 期 . 1999

5. 闫斌等 . 舒适性空调室内设计参数的优化 . 暖通空调 . 第 1 期 . 1999

6. 阎琳 . 影响人体热感觉因素的敏感性分析 . 安徽机电学院学报 . 第 3 期 . 1998

7. 上海市建筑科学研究院编 . 上海市住宅建筑节能设计标准 (DG/TJ08—205—2000) . 2000

8. 电子工业部第十设计研究院主编．空气调节设计手册．中国建筑工业出版社

9. 中国建筑科学研究院主编．夏热冬冷地区建筑节能设计标准．JGJ 134—2001

10. 杨士超．南方炎热地区玻璃幕墙与门窗的节能问题．建筑节能．第 36 期．2002

冀兆良　广州大学土木学院　副教授　邮编：510405

节能窗对室内得热和冷负荷
影响的计算机模拟分析

赵士怀　黄夏东　王云新

【摘要】 本文应用热反应系数法建立了描述空调建筑热工性能和负荷计算的动态数学模型，编制成相应的计算机程序STCP，并进行了实际工程测试与计算论证对比。在此基础上，本文模拟分析了节能窗对室内得热和空调冷负荷影响。本文最后以模拟分析为依据，对建筑节能中节能窗选用，提出了看法和建议。

关键词：窗　节能　得热　冷负荷　计算机模拟

空调负荷大小，直接影响到空调的能耗。夏季空调建筑中，通过窗户进入室内的热量，成为影响夏季空调负荷的重要因素。

近年来，建筑节能问题备受人们的关注，市场上节能窗产品不断涌现，越来越多地使用在建筑中，如普通PVC塑料窗、热反射镀膜玻璃窗、透明中空玻璃窗和低发射（Low-E）中空玻璃窗。这些节能窗的使用，使得通过窗户进入室内的太阳得热不同程度地降低，起到了节能作用。本文试图使用计算机手段，采用动态模拟技术，计算分析节能窗对夏季室内得热和空调冷负荷的影响。

一、研究方法

1. 本文已用热反应系数法建立了模拟单间建筑动态数学模型，并编制成计算机模拟程序——STCP。编制程序时考虑了通过窗户进入室内的太阳得热和窗的遮阳系数。

STCP程序具有这样的功能，即只要输入建筑房间的结构尺寸、围护结构材料的热物理参数和逐时气象数据，就可以动态模拟计算住宅逐时的室内温度、围护结构内表面温度，得（散）热量、空调冷（热）负荷等热工性能参数。

为了验证数学模型的准确程度，本文把一座位于福建福州市的建筑住宅房间未设空调器的夏季热工性能测试值与STCP程序的计算值做了对照，见图1和图2。由图可见，计算值和测试值的偏差大部分在5%以内，个别点偏差在10%左右。通过多项工程实测与计算数据对比，表明本文建立的数学模型已能较准确地反映房间的实际物理过程。

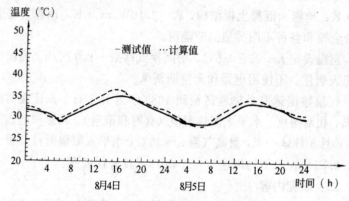

图1　房间空气温度测试值和计算值

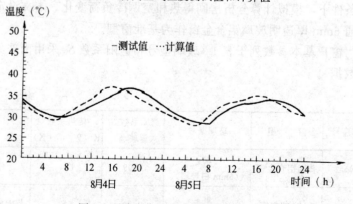

图2　西墙内表面温度测试值和计算值

2. 为使问题具有普遍性，本文选择炎热地区常规的住宅房间（位于顶层的最西边）为研究对象，如图 3 所示。层顶为架空隔热层结构，传热系数 $K=2.08\text{W/m}^2\cdot\text{K}$；东、西、南、北墙为 190mm 粘土空心砖墙，其中：外墙 $K=1.82\text{W/m}^2\cdot\text{K}$，内隔墙 $K=1.60\text{W/m}^2\cdot\text{K}$；

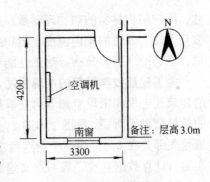

图 3　常规住宅平面图

地板为混凝土板结构，$K=3.10\text{W/m}^2\cdot\text{K}$。南窗为普通铝合金窗和各种不同类型的节能窗。

室温设定 $t_n=26\pm0.5℃$，房间换气次数$=1.0$ 次/h。假设房间无人居住、不使用电器和无空调新风。

气象数据选取炎热地区福州 1983 年 8 月 1 日～5 日逐时的气温、相对湿度、水平太阳辐射值（直射和散射）、风速和地表温度。8 月 5 日这一天，最高气温 $t_a=36℃$，水平太阳辐射日总量 $I_h=2.39\text{kJ/cm}^2$，平均风速 $V=2.4\text{m/s}$，具有代表性。

二、研究内容

本文主要研究内容为：在选择不同节能窗型和不同窗墙面积比条件下，模拟计算分析房间得热和空调冷负荷变化。本文设定普通 6mm 厚透明玻璃铝合金窗作为基准窗型。

窗户基本参数列于表 1（玻璃型号和遮阳系数 S_c 采用南玻集团数据）。

表 1

窗序号	窗　型	玻璃型号	遮阳系数 S_c（窗玻璃）	传热系数 K（W/m²·K）	
No. 1	普通铝合金窗	6c（6mm 白玻璃）	0.99	6.4	
No. 2	PVC 塑料窗	6c（6mm 白玻璃）	0.99	4.7	节能窗

窗序号	窗　型	玻璃型号	遮阳系数 S_c（窗玻璃）	传热系数 K（W/m²·K）	
No.3	热反射镀膜玻璃铝窗	6cTS140（6mm 玻璃）	0.55	6.4	节能窗
No.4	透明中空玻璃铝窗	6C＋12A＋6C	0.87	4.0	节能窗
No.5	Low-E 中空玻璃铝窗	6CEB12＋12A＋6C	0.31	3.0	节能窗

窗户基本尺寸变化列于表 2。

表 2

窗尺寸（高×宽）m	1.8×1.8	1.8×2.5	1.8×3.3	3.0×2.6	3.0×3.3
窗墙比 C_z	0.327	0.455	0.6	0.788	1.0

三、模拟计算结果分析

1. 不同窗型不同窗墙面积比对室内窗得热的变化

表 3、表 4 和表 5 列出了南窗不同窗型在不同窗墙面积比时引起的室内得热变化情况。

2. 不同窗型不同窗墙面积比对房间冷负荷的变化

表 6 列出了在不同窗墙面积比时，采用不同窗型房间冷负荷变化和节能率情况。图 4～图 7 画出 $C_z=0.327$，0.6 和 1.0 时房间单位面积冷负荷直观图（冷负荷按大小排列）。

(1) $C_z=0.327$

表 3

窗型	窗得热占房间总得热比例（%）		窗得热占房间总得热比例图
	温差传热	太阳辐射	
No.1	9.44	24.65	34.1%

窗型	窗得热占房间总得热比例（%）		窗得热占房间总得热比例图
	温差传热	太阳辐射	
No. 2	7.11	25.28	32.4%
No. 3	10.64	15.66	26.3%
No. 4	6.31	22.97	29.3%
No. 5	5.60	9.85	15.5%

（2）$C_z = 0.6$

表 4

窗型	窗得热占房间总得热比例（%）		窗得热占房间总得热比例图
	温差传热	太阳辐射	
No. 1	13.80	36.71	50.5%
No. 2	10.55	37.84	48.4%
No. 3	16.49	23.85	40.3%
No. 4	9.54	35.98	45.5%
No. 5	9.41	16.69	26.1%

(3) $C_z = 1.0$

表 5

窗型	窗得热占房间总得热比例（%）		窗得热占房间总得热比例图
	温差传热	太阳辐射	
No. 1	18.09	46.84	64.9%
No. 2	13.80	49.30	63.1%
No. 3	22.57	32.64	55.2%
No. 4	12.80	47.66	60.5%
No. 5	14.34	25.01	39.4%

表 6

窗型	窗 墙 面 积 比									
	$C_z = 0.327$		$C_z = 0.455$		$C_z = 0.60$		$C_z = 0.788$		$C_z = 1.0$	
	房间负荷 (W/m²)	节能率 (%)	房间负荷 (W/m²)	节能率 (%)	房间负荷 (W/m²)	节能率 (%)	房间负荷 (W/m²)	节能率 (%)	房间负荷 (W/m²)	节能率 (%)
№1	51.4	0	56.8	0	63.3	0	72.2	0	82.7	0
№2	50.1	2.5	55.6	2.1	61.4	3.0	68.7	4.8	78.5	5.1
№3	44.9	12.6	49.7	12.5	54.1	14.5	59.3	17.9	65.9	20.3
№4	48.5	5.6	52.8	7.0	56.7	10.4	64.7	10.4	71.4	13.7
№5	40.3	21.6	41.2	27.5	43.6	31.1	46.8	35.1	48.5	41.4

注：节能率＝（采用普通铝窗房间冷负荷－采用节能窗房间冷负荷)/采用普通铝窗房间冷负荷。

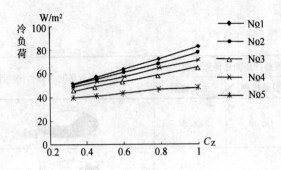

图 4　房间冷负荷曲线

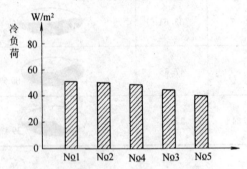

图 5　$C_z = 0.327$ 时各窗型房间冷负荷

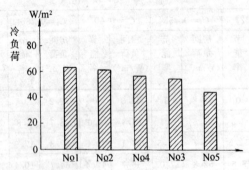

图 6　$C_z = 0.6$ 时各窗型房间冷负荷

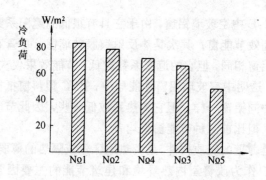

图 7 $C_z=1.0$ 时各窗型房间冷负荷

四、结论和建议

在不同窗墙面积比条件下，通过对上述 5 种窗型（其中 4 种是节能窗）得热和冷负荷变化的计算和模拟分析，可初步得出以下结论：

1. 通过窗户进入室内的热量，占室内总得热量的相当大部分，成为影响夏季空调负荷的主要因素。如 $C_z=0.327$ 时，通过普通铝合金窗室内得热占房间总得热 34.1%，PVC 塑料窗占32.4%，透明中空玻璃铝窗占 29.3%。

2. 随着窗面积（窗墙面积比）的增大，通过窗的得热急剧增加，空调冷负荷也随之急剧增加。如窗墙面积比 C_z 从 0.327 增加到 1.0，铝合金窗房间冷负荷增加 60%，PVC 塑料窗房间冷负荷增加 56.7%，热反射镀膜玻璃铝窗房间冷负荷增加 46.7%。

3. 通过窗户进入室内的热量，包括室内外温差得热和太阳辐射得热两部分，而太阳辐射得热是窗的总得热的主要部分，如在窗墙面积比 $C_z=0.327$ 时，普通铝合金窗太阳辐射得热占24.65%，是温差传热得热 9.44% 的 2.6 倍；PVC 塑料窗太阳辐射得热 25.28%，是温度传热得热 7.11% 的 3.5 倍。

4. 使用节能窗能不同程度降低室内冷负荷，尤其使用热反射镀膜玻璃窗和 Low-E 中空玻璃窗，与使用普通铝合金窗相比，冷负荷降低较多。

5. Low-E 中空玻璃铝窗，由于它具有很低的遮阳系数和传热系数，是高效节能窗；其次是热反射镀膜玻璃窗，尽管它传热系数同普通铝窗相同，但它的遮阳系数较低，节能效果仅次于 Low-E 玻璃窗；透明中空玻璃铝窗性能居中；PVC 塑料窗抵御太阳辐射得热能力同铝窗一样，但它传热系数低一些，因此节能效果稍胜于铝窗，但比前三种节能窗型均差。

窗户是薄壁的轻质构件，是炎热地区建筑隔热的薄弱环节，因此要把窗户作为改善室内热环境和建筑节能的主要因素加以考虑，建议：

1. 建筑窗墙面积比应有所限定；

2. 应积极推广使用节能窗，除使用 PVC 塑料节能窗外，在经济条件许可时，应有针对性地选择使用热反射镀膜玻璃窗，透明中空玻璃窗，Low-E 中空玻璃窗等节能窗；

3. 在窗户上采用各种固定式或活动式遮阳措施，进一步提高窗户的遮阳效果。

赵士怀　福建省建筑科学研究院　院长　高工　邮编：350025

中国建筑节能与墙体材料
革新政策研讨会召开

为推动相关激励政策的制订，中国建筑节能与墙体材料革新研讨会于 2001 年 4 月 20 日在北京召开。研讨会由建设部科技司、国家经贸委资源节约与综合利用司主办，美国能源基金会协办。会上建设部科技司副司长武涌、国家经贸委资源节约与综合利用司副司长周长益，分别就建筑节能与墙体材料革新的状况和相关政策发表了讲话。美国自然资源保护委员会 David Goldstein 博士介绍了美国、俄罗斯和德国实施建筑节能的经验，清华大学江亿院士谈了建立建筑能耗评估体系的意见。美国能源基金会 Polly Shaw 女士介绍了美国的能源政策及美国能源基金会在中国资助的项目情况。会议由韩爱兴处长主持，有关部委代表、一些建筑节能专家、几个省市主管建筑节能的官员参加了会议。

会上进行了热烈的讨论，国家计委陈和平处长、国家经贸委马荣处长、财政部有关人士、国务院技术研究中心有关人士、建筑节能专业委员会会长涂逢祥，以及北京、陕西、杭州等地建筑节能负责人祝根立、屈宏乐、顾梅英等就中国建筑节能与墙体材料革新的现状和问题，以及相关激励政策发表了许多意见。

(丹 江)

建设部科技司安排今年建筑节能工作

在建设部科技司 2002 年工作要点中，安排建筑节能工作如下：

通过主动协调，使国家有关部门对建筑节能在国家资源和可持续发展中的战略地位的认识进一步强化，从而研究和出台相关政策，整合各方面资源，使建筑节能实现突破性进展。

1. 强化民用建筑节能的政策、法规的制作工作。联合国家经贸委等部门，共同制定《关于进一步强化墙改和民用建筑节能工作的意见》，争取以国办的名义转发；修订《民用建筑节能管理规定》(76 号令)，以适应过渡地区标准的颁布执行；启动前期工作，为制定《民用建筑节能条例》做好准备。

2. 配合做好城市供热体制改革相关配套技术、政策的研究制定。出台《城市供热热计量技术指南》，指导"分户计量、室温可控"政策的贯彻落实；出台《城市供热技术政策》，在重点发展集中供热的同时，鼓励不同供热方式的有效竞争。

3. 大力推进建筑节能技术进步。继续做好国家计委高技术应用部门发展项目"集中供热计费改革相关的政策与技术研究"、"与城市能源结构调整相适应的采暖方式综合比较"的组织实施工作；继续做好国家技术创新项目的申请立项和已开项目的组织管理工作；完善建筑节能技术推广和示范工程工作。

4. 全面开展建筑节能国际科技合作。重点做好全球环境基金(GEF)中国终端用能行业节能项目规划，为利用 GEF 基金全面实施（包括建筑节能的政策法规体系研究、信息传播、技术推广及节能示范工程等项目）做好前期准备；继续做好世界银行城市供热收费与建筑能效示范项目申请、组织、实施工作；加强与加拿大联邦开发署、法国建筑节能联合体、美国能源基金会等国际组织的合作；积极与荷兰、瑞典、芬兰、英国等欧洲国家建立合作关系，发展利用海水、湖水、河水及地下能源贮存制冷技术。

（王　水）

北京市颁布建筑节能管理规定

经过两年时间的酝酿准备，北京市在申奥成功之后，立即通过了《北京市建筑节能管理规定》，并于 2001 年 9 月 1 日起施行。

规定要求：建筑工程的设计和建造应当严格执行国家和本市的建筑节能设计标准、施工规范和验评标准。按照建筑节能有关政策和标准要求，推广使用各类节能环保型门窗，逐步淘汰或者限制使用保温密封性能差的建筑外用门窗。

规定还要求：新建建筑工程必须选择先进合理的采暖供热方式，采用高效的管道保温与热调控计量技术和节能型材料、设备、器具，逐步推行采暖按户计量收费制度。既有建筑物未达到建筑节能标准的，应当逐步对其围护结构和采暖供热系统进行技术改造。

为做好建筑节能的监督管理工作，规定要求规划行政主管部门应当加强对本市建筑节能设计的监督和管理。发展计划、建设等行政主管部门应当依据国家和本市有关规定，在基本建设项目管理中加强对建设项目执行建筑节能标准和政策的监督管理。对不符合建筑节能标准和政策的，不予批准建设。竣工工程不符合建筑节能标准和政策要求的，不得允许使用。

与此同时，规定建设单位必须按照建筑节能标准和经批准的项目可行性研究报告或者设计任务书中的节能要求委托设计，组织竣工验收；设计单位必须依据建筑节能标准和规范进行设计，保证建筑节能设计质量；施工单位必须按照符合建筑节能要求的设计文件和施工规程施工，并对施工质量负责；监理单位对不符合标准和建筑节能设计要求的建筑材料、建筑物配件和设备，不得同意在建筑工程中安装使用。已建成使用的建筑围护结构和采暖供热系统，任何单位和个人不得擅自拆改。

上述单位违反该规定的，依照国务院《建设工程质量管理条例》予以处罚。

《北京市建筑节能管理规定》的实施，将使首都的建筑节能工作在法制的轨道上大大向前推进。

（江　平）

北京市建委、规委发布实施《北京市建筑节能管理规定》的通知

为了实施《北京市建筑节能管理规定》，北京市建委、北京市规委联合发布了"关于实施《北京市建筑节能管理规定》若干问题的通知"。

通知要求，从 2001 年 9 月 1 日起，在北京市行政区域内的所有新建建筑工程的设计和建造，必须严格执行建筑节能强制性设计标准。建设单位在委托设计时，必须严格按照建筑节能标准和经过批准的可行性研究报告或者设计任务书中的节能要求委托设计。设计单位必须按照上述标准、要求进行设计。不符合建筑节能标准的不得批准建造。施工单位必须严格按照建筑节能设计施工。建筑工程的竣工验收，应当包括执行建筑节能标准的验收，符合要求的方可交付使用。不符合要求的不得交付使用，并不予办理建设工程竣工验收备案手续。

通知规定，市建委、规委与区县建设行政主管部门应当加强对实施《北京市建筑节能管理规定》的行政执法监察，对违反规定的行为严格依照法律规章进行处罚。其中，对设计单位未按照节能标准和规范进行设计或进行修改设计的，给予警告，处 10 万元以上 30 万元以下的罚款；造成损失的，依法承担赔偿责任；两年内，累计三项工程未按照节能标准和规范设计的，责令停业整顿，降低资质等级或者吊销资质证书。

对未达到建筑节能标准的既有建筑进行改建、扩建和大型修缮，必须对其围护结构和采暖供热体系进行建筑节能技术改造。

（京　明）

天津市发布有关建筑节能管理规定

天津市人民政府以第 56 号令发布了《天津市墙体材料革新和建筑节能管理规定》，自 2002 年 3 月 1 日起施行。

规定要求，新建、扩建和改建的建设工程，应当符合建筑节能设计标准。建设单位应当按照建筑节能设计标准委托建筑工程项目的设计和施工，不得擅自变更设计文件，并在建筑工程竣工后，接受建筑节能检查。设计单位应当按照建筑节能设计标准进行设计，保证建筑节能设计质量。施工单位应当按照符合建筑节能设计标准的设计文件施工，不得擅自变更节能设计，保证建筑工程施工质量。工程监理单位应当按照设计文件对建筑节能工程实施监理，并承担监理责任；不符合标准的建筑节能设计要求的建筑材料、建筑构配件和设备，不得同意在建筑工程中安装和使用。

规定还提出，建设单位、设计单位、施工单位或者工程监理单位违反上述规定的，由建设行政主管部门或者有关行政主管部门依照国务院《建设工程质量管理条例》（国务院令第 278 号）的规定予以处罚。

（津　南）

杭州发布居住建筑节能设计标准实施细则

杭州市建委不久前发布了《夏热冬冷地区居住建筑节能设计标准杭州地区实施细则》和《杭州地区节能居住建筑围护结构热工设计技术要点》，要求自 2002 年 5 月 1 日起施行。

该实施细则和技术要点是根据建设部的要求，结合本地区实际，为执行《夏热冬冷地区居住建筑节能设计标准》，由杭州市建设科技推广中心和浙江大学共同主编的。主要起草人为张三明、顾梅英等。在编制工作中，进行了深入的调查研究，参考了国内外有关先进经验，广泛征求了建筑节能专家的意见。还邀请了外地专家涂逢祥、付祥钊、冯雅、刘明明、蒋太珍等参与该细则的审定。在正式实施前，杭州市建委召开了本市房屋开发建设、设计、施工、监理等单位的负责人共 80 人的宣贯会议，由杭州市建委、经委和浙江省建设厅科教处的负责同志讲话，并请中国建筑业协会建筑节能专业委员会会长涂逢祥和该细则主编张三明教授讲解建筑节能的意义和对标准细则贯彻实施的要求。

（杭　南）

山东省建筑节能工作进展加快

为贯彻国家可持续发展战略和建设部《民用建筑节能管理规定》，近两年来山东省加强了建筑节能工作的步伐，做了大量卓有成效的工作。2001 年建成节能建筑面积 407.8 万 m²，占该省当年总竣工面积的 10.3%。

为保证建筑节能与墙改工作的顺利推进，山东省加强了调研工作，基本摸清了全省建筑节能产品生产应用情况，并出台了《山东省建筑节能"十五"计划和 2015 年规划》、《关于进一步加强全省建筑节能工作的意见》等文件，淄博、青岛等市也先后出台了相关政策文件。山东省建科院完成了居住建筑墙体与屋面节能技术研究，济南房地产开发总公司建成了景泉四季花园建筑节能示范小区。山东省还连续召开了全省建筑节能工作会议和节能墙改办主任会议，重点选择推广了 15 项先进适用的建筑节能新技术、新产品。青岛市还组织了"供热计量技术研讨与应用交流会"、"建筑节能技术研讨会"，济宁市召开了地板低辐射采暖现场会等活动。2001 年省里批准了建筑面积达 100 余万平方米的 14 个建筑试点工程，其中诸城市银都小区、莱芜市经济适用房工程、莱钢樱花园小区、莱钢生活住宅南区等通过了验收，起到了示范带头作用。

（鲁　能）

《夏热冬冷地区居住建筑节能设计标准》宣贯研讨会在成都、武汉、上海举行

为改善长江中下游地区 5.5 亿人民的居住生活热舒适条件，节约能源，保护环境，建设部批准发布了《夏热冬冷地区居住建筑节能设计标准》(JGJ 134—2001)，自 2001 年 10 月 1 日起施行。

为使广大工程技术人员、建筑节能管理人员深入理解和掌握该标准的技术内容，推动夏热冬冷地区建筑节能工作的开展，建设部标准定额研究所和建设部建筑节能办公室于 2002 年 3 月 30 日至 4 月 12 日期间，先后于成都、武汉和上海召开了《夏热冬冷地区居住建筑节能设计标准》宣贯研讨会。建设部有关单位负责同志徐金泉、韩爱兴、陈国义和雷丽英组织了会议并发表了讲话，三个地区的建设行政主管部门和建筑节能办公室的负责同志也到会讲话，表示欢迎。参加宣贯研讨会的人员，有来自夏热冬冷地区各省市的建筑节能管理人员，设计、施工、监理、房屋开发建设以及节能材料和设备生产厂家的人员共 200 多人。

宣贯研讨会邀请了该标准的主要编制人涂逢祥教授、郎四维研究员、付祥钊教授和林海燕研究员，分别就该标准的各个章节作了深入详细的讲解，并解答了与会者提出的一些问题，受到了大家的欢迎。

与此同时，由建设部标准定额研究所组织编辑出版了《居住建筑节能设计标准》(夏热冬冷地区)宣贯教材，由中国建筑科学研究院物理所林海燕研究员研制的符合该标准使用的计算机软件也开始发行使用。

（秋　明）

外墙外保温理事会开始发布技术指南

为保证和提高我国外墙外保温技术质量，外墙外保温理事会近日发布了《GKP外墙外保温技术指南》（WW2002—101）及《ZL胶粉聚苯颗粒外墙外保温技术指南》（WW2002—102）。

《外墙外保温技术指南》为外墙外保温理事会的基本技术文件，具有指导性、权威性与适用性。通过编写及评审技术指南，使相关技术研制开发单位提高技术水平，推动技术进步与创新。技术指南还是构造设计、材料采购、现场施工和质量检验的依据，有利于切实保证工程质量。

在《外墙外保温技术指南》中发布的技术，必须是检测资料齐全完整、经过多年工程实践考验、质量确定可靠的技术。《外墙外保温技术指南》按不同的技术项目逐项编制，经外墙外保温理事会组织的专家组认真讨论、修改、审定后，由外墙外保温理事会正式编号发布，并授予外墙外保温技术标志。

其他几项外墙外保温技术指南正在讨论、修改中，今后将逐步发布。

（南　宁）

山东省推广外墙外保温

山东省建设厅、山东省墙改节能办日前发布鲁建科教字[2002] 8 号文,通知在全省民用建筑建设中推广应用外墙外保温系统,并限制保温浆料用于外墙内保温做法。

通知规定,济南、青岛、烟台、威海市城市规划区新建、扩建的居住建筑、旅游旅馆及其附属设施,禁止保温浆料外墙内保温做法。淄博、枣庄、东营、潍坊、济宁、秦安、日照、莱芜、德州、临沂、聊城、滨州、菏泽等 13 个设区市城市规划区新建扩建的居住建筑、旅游宾馆及其附属设施,限制使用保温浆料外墙内保温做法。其中混凝土墙体、混凝土空心砌块墙体和各类实心砖墙体禁止保温浆料外墙内保温做法。当用其他材料做外墙时,对建筑物主体外墙热阻和保温浆料的主要技术性能指标以及产品检验和施工操作要求作出了明确的规定。

并规定全省设市城市和县政府所在地镇的城市规划区新建扩建的居住建筑、旅游旅馆及其附属设施,自 2005 年 1 月 1 日起,全面禁止保温浆料外墙内保温做法。

与此同时,通知要求大力推广外墙外保温系统,加强对外墙外保温系统的监督管理。

在发布该通知以前,山东省召开了技术论证会。省建设厅董毓利副厅长、建设部科技司合作开发处韩爱兴处长、建筑节能专业委员会会长涂逢祥、北京市节能墙改办总工游广才和山东省设计、施工、科研及管理部门的 10 名专家参加了会议,进行了热烈的讨论,并发表了会议纪要。

（鲁　能）